社会消防安全教育培训系列丛书

旅游与宗教活动场所
消防安全培训教程

清大东方教育科技集团有限公司　编

中国人民公安大学出版社
·北　京·

图书在版编目（CIP）数据

旅游与宗教活动场所消防安全培训教程／清大东方教育科技集团有限公司编．—北京：中国人民公安大学出版社，2019.11
（社会消防安全教育培训系列丛书）
ISBN 978－7－5653－3827－4

Ⅰ.①旅…　Ⅱ.①清…　Ⅲ.①旅游区—消防—安全培训—中国—教材②宗教事务—公共场所—消防—安全培训—中国—教材　Ⅳ.①TU998.1

中国版本图书馆 CIP 数据核字（2019）第 245816 号

旅游与宗教活动场所消防安全培训教程

清大东方教育科技集团有限公司　编

出版发行：中国人民公安大学出版社
地　　址：北京市西城区木樨地南里
邮政编码：100038
经　　销：新华书店
印　　刷：北京市泰锐印刷有限责任公司

版　　次：2019 年 11 月第 1 版
印　　次：2021 年 12 月第 2 次
印　　张：8.75
开　　本：787 毫米×1092 毫米　1/16
字　　数：186 千字

书　　号：ISBN 978－7－5653－3827－4
定　　价：33.00 元

网　　址：www.cppsup.com.cn　www.porclub.com.cn
电子邮箱：zbs@cppsup.com　zbs@cppsu.edu.cn

营销中心电话：010－83903254
读者服务部电话（门市）：010－83903257
警官读者俱乐部电话（网购、邮购）：010－83903253
教材分社电话：010－83903259

社会消防安全教育培训系列丛书

编审委员会

旅游与宗教活动场所消防安全培训教程

撰稿人：张学魁　张　烨
审　核：李宝萍　邵学民　周白霞　畅红梅

作者简介

张学魁，原中国人民武装警察部队学院训练部副部长、教授，曾任全国消防标准化委员会灭火救援分技术委员会副主任委员兼秘书长、中国土木工程学会工程防火技术分会副理事长，主编《建筑灭火设施》等十多部著作、教材。

张烨，山西大同消防支队高级工程师、工程硕士研究生，长期从事消防监督管理工作，有着丰富的防火管理工作经验，参与了多部消防书籍的撰写。

前　言

党的十九大报告指出：中国特色社会主义进入新时代，我国社会主要矛盾已经转化为人民日益增长的美好生活需要和不平衡不充分的发展之间的矛盾。预防火灾事故、减少火灾危害、维护公共安全是享有美好生活的基本前提。消防安全事关人民群众生命财产安全，事关改革发展大局稳定，是人民群众最关心、最直接、最现实的利益问题，也是保护和发展社会生产力、促进经济社会持续健康发展的最基本保障。

大量惨痛的火灾事故教训告诉我们，面向全社会开展长期持续、专业、科学、规范的消防安全教育培训，是最直接、最经济、最有效的消防安全基础工作，必须坚持不懈地开展下去。随着我国经济和社会的快速发展，社会各界对消防安全教育培训的要求越来越迫切。公民对消防安全教育培训的形式、内容和专业性提出了更高的期待和要求。为此，清大东方教育科技集团有限公司作为我国规模最大、覆盖面最广的消防安全培训机构，组织专家学者编写了社会消防安全教育培训系列丛书，以满足社会消防安全教育培训的实际需要。

系列教材以《中华人民共和国消防法》、《消防安全责任制实施办法》（国办发〔2017〕87 号）、《社会消防安全教育培训规定》（公安部 109 号令）、《社会消防安全教育培训大纲（试行）》（公消〔2011〕213 号）为依据，深刻总结历次火灾事故经验教训，借鉴世界各国成熟经验，研究新时期消防安全教育培训特点，充分考虑消防安全教育培训一线的迫切需求，力求做到有的放矢、科学实用。

系列教材的编写者是来自消防战线长期从事消防宣传教育的专家和消防安全培训行业资深教育工作者，对消防安全教育培训既有较高的理论水平，又有丰富的实践经验，使之在编写质量上有了可靠保障。

该系列教材共28册，分批次陆续出版，是目前我国适用范围最广、专业性最强的消防安全教育培训教材，可满足不同层次、不同读者的自学需要和消防安全教育培训教员使用，也可供消防工作者阅读参考。

“社会消防安全教育培训系列丛书”编审委员会
2018年5月

编写说明

为深入贯彻《中华人民共和国消防法》、《机关、团体、企业、事业单位消防安全管理规定》和党中央、国务院关于安全生产及消防安全的重要决策部署，依据公安部、教育部、人力资源和社会保障部制定的《社会消防安全教育培训大纲（试行）》（公消〔2011〕213号），结合旅游与宗教活动场所自身特点和火灾风险，为使消防安全责任人、消防安全管理人熟悉消防法律法规，知晓消防工作法定职责，掌握消防安全基本知识和消防安全管理基本技能，提高检查消除火灾隐患、组织扑救初起火灾和人员疏散逃生、消防宣传教育培训能力，清大东方教育科技集团有限公司组织编写了《旅游与宗教活动场所消防安全培训教程》教材。

本教材共分六章，内容主要包括：第一章，旅游与宗教场所消防安全概述；第二章，旅游与宗教活动场所消防安全责任；第三章，旅游与宗教活动场所火灾预防；第四章，旅游与宗教活动场所消防设施的维护管理；第五章，旅游与宗教活动场所消防安全管理；第六章，旅游与宗教活动场所消防应急救援。

本教材体系完整，结构合理，内容丰富，详略得当，既有理论又有案例，图文并茂，富有特色，符合社会消防安全培训教学的需要，主要供旅游与宗教活动场所消防安全责任人、消防安全管理人及专（兼）职消防安全人员的培训学习，亦可供其他行业消防安全管理人员学习与参考。

本教材由原中国人民武装警察部队学院张学魁教授和山西大同消防救援支队张烨高级工程师编写，先后由李宝萍、邵学民、周白霞和畅红梅审稿。由于编者水平所限，书中难免出现错误和不妥当之处，敬请广大读者批评指正。

编者

2019年9月

目录
CONTENTS

第一章　旅游与宗教活动场所消防安全概述

随着人们对精神文化的追求，旅游已成为生活中不可或缺的部分，其中吃、住、行、游、购、娱等，通常都是在旅游场所进行的，这些都涉及消防安全。而宗教活动场所是人们宗教信仰的活动地，绝大部分又是当地重要的旅游资源，如佛教寺院、道教宫观及其他各类教堂等，确保这类场所的消防安全刻不容缓。

第一节　旅游与宗教活动场所火灾危险性分析

旅游涉及多种场所，自然旅游场所包括地貌景观类、水域风光类、天气气象类和生物景观类等，人文旅游场所包括寺庙观堂与文博院馆类、休闲求知健身类和购物类场所。宗教活动场所的范围也很广，截至 2016 年，我国现有经批准开放的宗教活动场所达 14 万处，包括佛教的寺院，道教的宫观，伊斯兰教的清真寺、礼拜点及天主教、基督教的教堂、聚会点等。以上旅游与宗教活动场所，存在着较大的火灾危险，一旦发生火灾会造成很大的影响。

一、旅游与宗教活动场所火灾形势

我国旅游开发强度与火灾防控能力不相匹配的矛盾较为突出，相关单位对消防安全重视程度不够，游客消防安全常识缺失等因素，导致火灾时有发生。例如，仅广东省“十二五”期间，旅游景点（区）、旅游宾馆饭店年均发生火灾达 323 起。而宗教活动场所基于历史原因，不少宗教建筑存在不同程度的火灾隐患，加上人们的消防安全意识淡薄，火灾事故屡屡发生。表 1 – 1 为近几年全国旅游与宗教活动场所发生的有影响火灾，可以看出，火灾形势不容乐观，需要从人防、技防两方面着手，提高火灾防控能力。

表 1－1　2014 年～2017 年全国旅游与宗教场所发生的较大火灾统计

年份	火灾地点	火灾损失情况
2014 年	云南香格里拉县独克宗古城“1·11”火灾	烧毁房屋 242 栋
	贵州镇远县报京乡报京侗寨“1·25”火灾	烧毁房屋 148 栋 975 间
	湖南怀化市洪江古商城古窨子屋民居“2·17”火灾	过火面积约 $500m^2$
	山西太谷唐代古刹圆智寺千佛殿“3·31”火灾	屋顶几近烧毁，殿内壁画脱落
	云南丽江束河街道龙泉社区商铺“4·6”火灾	导致 10 间铺面被损毁，过火面积 $490m^2$
	河南信阳鸡公山建筑群中的第 119 号别墅“5·2”火灾	屋顶、门窗及地板被烧毁
	宁波老外滩天主教堂“7·28”火灾	过火面积约 $500m^2$
	桂林市“两江四湖”景区杉湖中的日月双塔“10·1”火灾	燃烧面积约 $100m^2$
	浙江宁海县前童古“10·6”火灾	造成几十间房屋被烧毁
	贵州剑河县久仰乡久吉苗寨“12·12”火灾	176 户村民受灾，吞噬核心区域 2/3 建筑
2015 年	云南巍山古城拱辰楼“1·3”火灾	古城化为废墟，烧毁面积约 $765m^2$
	甘肃环县兴隆山古建筑群祖师殿“3·27”火灾	过火面积约 $133m^2$
	重庆市级文物保护单位卜凤居“4·23”火灾	文物建筑损失较为严重
	贵州遵义市永兴古镇“8·9”火灾	过火面积约 $1000m^2$
	重庆黄山抗战遗址群中草亭“11·29”火灾	过火面积 $174m^2$
	安徽祁门县芦奇村一本堂“12·19”火灾	过火面积 $524.37m^2$
2016 年	贵州剑河县岑松镇温泉村寨“2·20”火灾	造成 120 人受灾，60 余栋房屋被烧毁
	湖南南岳庙“3·17”火灾	殿内部分物品被焚毁
	辽宁北镇市北镇庙鼓楼“8·12”火灾	一、二层木结构绝大部分被烧毁
2017 年	宁夏海原县南华山二岔沟处草山“2·18”火灾	过火面积约 5000 亩
	四川蓬溪县高峰山道观“5·31”火灾	过火面积约 $430m^2$
	赤峰宁城县大城子镇法轮寺东配殿“10·30”火灾	致使 $50m^2$ 东配殿被焚毁
	四川绵竹市九龙镇九龙寺灵官楼大殿“12·10”火灾	木塔全部被烧毁
	台湾花莲县七星潭柴鱼博物馆“7·18”火灾	造成游客 20 人死亡、22 人受伤，过火面积 $1000m^2$

二、旅游与宗教活动场所火灾的主要原因

1. 生活用火不慎。宗教活动场所发生火灾，许多都是由于信徒在做饭、取暖、照明等过程中用火不慎引起的。例如，1991 年 10 月 16 日凌晨，西藏昌都强巴林寺一名喇嘛在煮饭后，柴火未灭，引燃木制地板成灾，烧毁建筑面积 4926m^2，工艺美术品 20 件，古玩及珍藏品 40 件，直接经济损失达 7018 万元，死亡 1 人。

2. 电气原因。主要有电气线路老化、绝缘破损，电气设备使用时间过长、温度过高；照明灯距离木屋架或可燃物等过近，长时间烘烤而起火；随意增加用电负荷，因导线截面过细难以承受较大的电流作用，以及随意在可燃结构上铺设不符合安全规定的电线引起火灾。例如，2004 年 6 月 20 日，北京护国寺西配殿火灾，因西配殿使用单位厂桥街道服装厂的配电箱打火引燃可燃物，使西配殿部分平房被烧毁。

3. 宗教活动用火不当。寺庙是宗教活动的重要场所，活动时用火形式多，还有定时庙会、临时超度道场等宗教用火活动，用火管理不当易引发火灾。例如，1990 年 1 月 25 日，青海同德县石藏寺大经堂，因挂在佛像前的绸缎被风吹落在油灯上引起火灾，烧毁两层木质结构的大经堂一座，殿内的佛经、佛像等文物大部分被毁。

4. 野外用火引发。游客在旅游时为了活跃气氛、放松心情，会经常在野外举办篝火晚会或烧烤野炊，稍有不慎极有可能引起草丛或森林火灾。例如，2015 年 3 月 22 日，辽宁大连市金州开发区大黑山发生火灾，5 名登山者遇难，整个山坡被大火覆盖，浓烟在数十公里外都能看到，如图 1－1 所示，该起火灾原因系 5 名登山者野餐用火所致。

图 1－1 大连市金州开发区大黑山火灾

5. 雷击导致。有些宗教活动场所建在较高的台基或峻岭之上，建筑群屋体高大耸立，周围古木参天，接触点高，木质干燥，地处雷击多发区，极易引起雷电火灾。2004 年 5 月 11 日，山西稷山县大佛寺大佛殿因雷击起火，直接经济损失达 25 万多元。

三、旅游与宗教活动场所的火灾危险性

（一）旅游场所火灾危险性

1. 诱发火灾因素多，防范难度大。旅游场所涉及范围广，诱发火灾因素多。部分景区的宾馆和饭店、民宿、客栈等场所火源多，如在景区使用液化气罐、火炉、电水壶等大功率电器设备煮饭取暖；一些民宿、客栈将电线直接铺设在建筑的梁、柱上，无穿管等保护措施；有些游客野餐烧烤使用明火，等等。另外，新开发旅游项目消防安全管理滞后，给旅游场所的消防安全埋下了各种火灾隐患，稍有不慎就可能引发火灾。例如，2017 年 7 月 18 日凌晨，台湾花莲县旅游景点七星潭柴鱼博物馆发生火灾，超过 $1000m^2$ 的博物馆付之一炬；2018 年 8 月 25 日凌晨 4 时 12 分许，哈尔滨市北龙温泉休闲酒店发生火灾，造成游客 20 人死亡、22 人受伤，起火原因是电气线路短路形成电弧，引燃周围物资。

2. 消防基础设施先天不足，抵御火灾能力有限。有些文博场馆周围和森林草原旅游景点没有天然水源、消防水池和消防给水管网，或供水能力不足，部分新建、扩建旅游景点（区）的消防规划没有及时编制和落实，消防队（站）、消防装备等公共消防设施不完善。尤其是近几年发展起来的民居、农家乐旅游项目，大多地处偏辟农村，依托自家住宅建造，未依法经过消防审核验收，缺乏基本消防设施，消防安全条件严重不足。还有一些旅游景点（区）远离城区，消防站对旅游景点（区）的辐射作用小，一旦发生火灾，得不到及时扑救。例如，某著名景区地处高山峡谷，村镇沿着狭长的河流分布，基于其特殊的地理、文化、建筑、道路交通等因素，市政消防不完善，抵御火灾能力有限。

3. 自然类旅游景区树木众多，森林火灾风险高。自然类旅游景区不仅面积大范围广，且树木众多，尤其是山区有众多原始森林，林中的有机物质如乔木、灌木、草类、苔藓、地衣、枯枝落叶、腐殖质和泥炭众多，且分布有大量油松林，通风条件也好，加之景区内分布居民住户，部分游客留连于山水风景之间，在精神和心理上有所懈怠，随处吸烟乱丢烟头，野炊、野外烧烤等现象较为普遍，人为火源点多、面广、线长，监管控制难度大，森林火险等级极高。如果天气干燥，很容易引起森林火灾，而且蔓延十分迅猛，扑救难度大。例如，2007 年 5 月 5 日，西安秦岭山脉黄峪沟发生一起山林火灾，起火原因系 3 名游客吸烟时不慎引燃引发；2017 年 6 月 3 日，呼和浩特市新城区大青山小井沟发生火灾，火灾原因是一名游客吸烟点燃杨絮，导致大半个山坡的树木被烧毁。

（二）宗教活动场所火灾危险性

1. 建筑空间大，火势蔓延快。由于宗教活动场所的特殊性，供信徒和游客举行宗教活动及游览的建筑雄伟高大，室内空间相对较大，多为文物古建筑，如西藏布达拉宫、四大佛教名山的寺庙以及武当山道教建筑等，其屋架、梁、柱、斗拱、门窗等都是用木材制成的，属于木结构或砖木结构建筑，约 $1m^2$ 的建筑面积需用

$1m^3$的木材，建筑耐火等级普遍较低，如图 1－2 所示苏州寒山寺，就像是一座堆积成山的木垛，犹如架满了干柴的炉膛。此外，建筑物相互毗邻，既无防火墙，又无防火间距。一旦发生火灾，通风条件好，冷热空气会形成强大的对流，燃烧猛烈，蔓延迅速，极易形成立体性燃烧，给火灾扑救带来很大难度。

图 1－2 木结构宗教活动场所

2. 具备物质燃烧三要素，发生火灾风险极高。宗教活动场所除建筑多为木结构或砖木结构外，其场内经幡、帐幔、绸缎、纤维织品等易燃物品随处可见，香火、油灯、蜡烛等明火多，每年组织的集中烧香拜佛频繁，整个寺庙香烟缭绕，烛火通明。此外，工作人员日常使用电器设备、液化石油气、木柴等烧水做饭。还有些宗教活动场所建在崇山峻岭之上，建筑群高耸，周围古木参天，接触点高，极易遭到雷击。可以看出，该场所引起燃烧的可燃物、助燃物和引火源三要素样样具备，发生火灾的风险极高。例如，1994 年 2 月 14 日，甘肃省玛曲县参智合寺院发生特大火灾，大火燃烧近 4h，烧毁占地面积达 $600m^2$的房屋，另有 16 部经典著作、49 尊佛像以及时价达 275 万元的 9 颗玛瑙等文物古迹被烧毁，直接经济损失达 587 万多元。2014 年 1 月 9 日 9 时 50 分左右，四川省甘孜州色达县五明佛学院觉姆（尼姑）经堂后方僧舍发生火灾，造成 150 余间僧舍损毁。2017 年 12 月 10 日四川省绵竹市九龙镇九龙寺灵官楼大殿突发火灾，大火引燃一旁有着亚洲第一高的木塔着火，燃烧非常猛烈，导致木塔全部被大火烧毁，如图 1－3 所示。

图 1－3 四川省绵竹市九龙寺木塔着火

3. 位置偏远道路不畅，消防救援难度极大。宗教活动场所多数处于郊外，甚至建在偏僻山区，远离城镇，道路崎岖，如图 1－4 所示的泰山古刹道观。这些场所一旦发生火灾，消防车难以靠近，有的根本无法到达失火现场。例如，2001 年 6 月 23 日，浙江杭州西湖北岸抱朴道院发生火灾，由于消防车上不了山，道院内无消防设施，火势迅速蔓延，最终烧毁建筑约 800m^2，还造成道院内人员 2 死 2 伤。有些宗教活动场所虽地处闹市区，但未按标准配备必要的消防设施和器材，且周围道路狭窄，有时还设有门槛或台阶，严重影响消防车出入，一旦发生火灾，很难将大火扑灭在初起阶段，使小火酿成大灾。又如，2004 年 6 月 20 日，北京护国寺的西配殿发生火灾，由于着火的建筑身处胡同深处，消防车无法进入，消防队员铺设了超过 300m 长的水带，才得以进入火区，影响了及时扑救。

图 1－4　泰山文物建筑群

4. 人员密集，易造成群死群伤。宗教活动场所是信教群众举行集体宗教活动的地方，人员十分密集，一旦发生火灾，疏散非常困难，极易发生拥挤踩踏和群死群伤安全事故。例如，2004 年 2 月 15 日，浙江省海宁市黄湾镇五丰村部分村民聚合在一所简易草棚内进行“铺堂忏”活动，在草棚门口焚烧锡纸叠成的“元宝”，引燃草棚起火成灾，火灾共造成 40 人死亡。

第二节　旅游与宗教活动场所的消防安全管理概述

消防安全管理是单位依据消防法律法规和规章制度，遵循火灾发生发展规律，运用管理学理论和方法，通过计划、组织、领导、协调和控制等各种管理手段，对人力、物力、财力、信息和时间等资源做最佳组合，为实现预期的消防安全目标所进行的各种消防活动。

一、开展消防安全管理的重要性

（一）落实消防安全责任的需要

旅游与宗教活动场所作为人员密集场所，应该按照《中华人民共和国消防法》（以下简称《消防法》）等法律法规，严格落实消防安全责任制，切实履行消防安全职责，加强消防安全管理，确保本场所的消防安全。

（二）保护人身、财产安全的需要

由于旅游与宗教活动场所存在较大的火灾风险，游客、信徒高度密集，使用明

火广泛，火势蔓延迅速，人员疏散困难，部分场所位置偏远，道路不畅，不能及时得到消防救援。因此，为预防火灾和减少火灾危害，保护人身、财产安全，旅游与宗教活动场所必须加强消防安全管理。

（三）保护历史文化遗产的需要

文物建筑是旅游与宗教活动场所中重要组成部分，是我国宝贵的历史文化遗产，如北京紫禁城、苏州园林、西藏布达拉宫、四大佛教名山的寺庙以及武当山道教建筑等，不仅是我国宝贵的历史文化遗产，而且也是世界文化遗产的重要组成部分。旅游与宗教活动场所如果发生火灾，造成的损失是无法用金钱来计算的。因此，要始终把预防火灾放在首位，从思想上、制度上采取各种措施，以防止火灾的发生。

（四）推进旅游行业发展的需要

目前，大部分著名的宗教场所已发展成为各地旅游的必经之地，部分旅游景点也依托宗教场所来吸引人气，因此，这些场所需要一个安全的环境，其消防安全工作是否达到要求，对于吸引游客参观游览、宗教人士参禅礼拜继而发展当地旅游行业起着重要作用。

（五）构建和谐社会的需要

旅游与宗教活动场所发生火灾，不仅会给游客和信教群众带来危害，使国家宝贵的历史文化遗产遭受特大损失，也会给社会和谐稳定带来一定的影响。因此，旅游与宗教活动场所应当依法履行消防安全职责，提高检查消除火灾隐患、组织扑救初起火灾、组织人员疏散逃生和消防宣传教育培训的能力，保障消防安全，维护社会和谐稳定。

二、消防安全管理的行动指南

“预防为主，防消结合”的消防工作总方针，科学、准确地表达了“防”和“消”的辩证关系，反映了人类同火灾作斗争的客观规律，体现了我国消防工作的特色，是指导旅游与宗教活动场所开展消防安全管理工作的行动指南。

1. 预防为主。就是在消防工作的指导思想上，要把预防火灾工作摆在首位。我国早在战国时期就提出了“防为上，救次之”的思想。消防工作中应把火灾预防工作放在首位，动员和依靠全社会成员积极贯彻落实各项防火措施，防患于未然，力求从根本上杜绝火灾的发生。无数事实证明，只要人们具有较强的消防安全意识，自觉遵守执行消防法律法规、消防技术标准和规章制度，大多数火灾是可以预防的。

2. 防消结合。就是把同火灾作斗争的两个基本手段——防火和灭火有机地结合起来，做到相辅相成、互相促进。在做好火灾预防的同时，必须切实做好扑救火灾的各项准备工作，一旦发生火灾，做到及时发现、有效扑救，最大限度地减少人员伤亡和财产损失。

三、消防安全管理的基本准则

消防工作实行“政府统一领导、部门依法监管、单位全面负责、公民积极参与”的原则，这是我国长期以来消防工作的经验总结，是旅游与宗教活动场所各个消防安全管理主体在具体的管理过程中都应当遵循的基本准则。

1. 政府统一领导。消防安全是政府社会管理和公共服务的重要内容，是社会稳定和经济发展的重要保障。国务院作为中央人民政府、最高国家权力机关的执行机关、最高国家行政机关，领导全国的消防工作，国务院在经济社会发展的不同时期，向各省、自治区、直辖市人民政府发出加强和改进消防工作的意见。地方各级人民政府负责本行政区域内的消防工作，《消防法》对地方政府消防工作责任作了具体规定。

2. 部门依法监管。政府部门是政府的组成部分，代表政府管理某个领域的公共事务，应急管理部门及消防救援机构是代表政府依法对消防工作实施监督管理的部门。住房和城乡建设、工商、质监、文化和旅游、教育、人力资源等部门也应当依据有关法律法规和政策规定，依法履行相应的消防安全监管职责。政府各部门齐抓共管，是消防工作的社会化属性决定的。

3. 单位全面负责。单位是社会消防管理的基本单元。单位对消防安全和致灾因素的管理能力，反映了社会公共消防安全管理水平，在很大程度上决定了一个城市、一个地区的消防安全形势。单位是消防安全的责任主体，每个单位都自觉依法落实各项消防安全职责，实行自我防范，消防工作才会有坚实的社会基础，火灾才能得到有效控制。为此，《消防法》对机关、团体、企业、事业等单位的消防安全责任作了明确规定。

4. 公民积极参与。公民是消防工作的基础，没有广大人民群众的参与，防范火灾的基础就不会牢固。如果每个公民都具有消防安全意识和基本的消防知识、技能，形成人人都是消防工作者的局面，全社会的消防安全就会得到有效保证。贯彻公民参与原则，要加强对广大群众的消防知识宣传教育，提高广大群众的消防安全意识，普及消防知识、灭火和逃生技能，单位要制定并落实消防安全岗位责任制，把消防安全工作落实到每个岗位的从业人员。

四、消防安全管理的重点

旅游与宗教活动场所消防安全管理应按照“抓住重点、兼顾一般”的要求，把有限的资源应用于防范火灾发生、减少火灾危害的关键环节，从而提高消防安全管理效能。

（一）火灾高危单位

火灾高危单位，是指一旦发生火灾容易造成群死群伤或者重大财产损失的单位或场所。在《火灾高危单位消防安全评估导则（试行）》（公消〔2013〕60 号）中有明确规定：

1. 在本地区具有较大规模的人员密集场所。

2. 在本地区具有一定规模的生产、储存、经营易燃易爆危险品场所单位。

3. 火灾荷载较大、人员较密集的高层、地下公共建筑以及地下交通工程。

4. 采用木结构或砖木结构的全国重点文物保护单位。

5. 其他容易发生火灾且一旦发生火灾可能造成重大人身伤亡或者财产损失的单位。

各省、自治区、直辖市在此基础上，结合当地实际，出台了具体的火灾高危单位界定标准，如在《云南省火灾高危单位消防安全管理规定》中，规定人员密集且采用木结构或者砖木结构的重点文物保护单位、宗教活动场所、旅游场所，属于火灾高危单位。

（二）消防安全重点单位

消防安全重点单位，是指发生火灾可能性较大以及发生火灾可能造成重大的人身伤亡或者财产重大损失的单位。为有效预防群死群伤等恶性火灾事故的发生，在消防安全管理中将某些单位列为消防安全重点单位，实行严格管理、严格监督，这是我国消防工作多年来形成的基本经验和行之有效的管理方法。

公安部令第61号第13条、公安部《关于实施〈机关、团体、企业、事业单位消防安全管理规定〉有关问题的通知》（公通字〔2001〕97号）附件消防安全重点单位的界定标准以及某些地方性法规，对消防安全重点单位的界定标准作了明确和细化规定，如《江苏省消防安全重点单位界定标准》规定，重要的旅游风景点，属于消防安全重点单位；《山西省消防安全重点单位界定标准》规定，具有火灾危险性的县级以上文物保护单位，属于消防安全重点单位；《上海市消防安全重点单位界定标准》规定，总建筑面积超过3000m^2或者占地面积超过1000m^2的宗教活动场所，属于消防安全重点单位。

确定为消防安全重点单位的旅游与宗教活动场所应报当地消防救援机构备案，并履行消防安全重点单位的职责，建立与当地消防救援机构联系制度，按时参加当地消防救援机构组织的消防工作例会，及时报告单位消防安全管理工作情况。

（三）消防安全重点部位

消防安全重点部位，是指容易发生火灾且一旦发生火灾可能严重危及人身和财产安全，以及对消防安全有重大影响的部位。

1. 消防安全重点部位的确立。

（1）宗教活动场所应将下列部位确定为消防安全重点部位：殿堂、香炉、藏经楼、贵重文物存放点；集体宿舍、厨房和配电间；需要重点保护的其他部位。

（2）旅游场所将下列部位确定为消防安全重点部位：具有火灾危险性的县级以上文物保护建筑，宾馆、饭店、民宿、贵重文物存放点、消防控制室、需要重点保护的其他部位。

2. 消防安全重点部位的管理基本要求。消防安全重点部位确定以后，应设置防火标志，明确消防安全管理的责任部门和责任人，根据实际需要应配备相应的灭火器材和个人防护装备，制定和完善事故应急处置操作程序，并应列入防火巡查、检查范围，实行严格管理。

（1）立牌管理。消防安全重点部位必须设置明显的防火标志，悬挂“消防重点部位”指示牌，标明“防火责任人”，张贴有关禁止和警告标示。

（2）制度管理。消防安全重点部位应建立岗位消防安全责任制，并根据各重点部位的性质、特点和火灾危险性，制定相应的消防安全管理制度。

（3）教育管理。旅游与宗教活动场所应对消防安全重点部位人员进行经常性的消防安全教育培训和考核，使重点部位员工懂场所的火灾危险性、懂预防火灾的措施、懂扑救火灾的方法，会报警、会使用灭火器材扑救初起火灾、会组织人员安全疏散、会开展日常消防安全教育，达到“三懂四会”，提高其自防自救能力。

（4）日常管理。开展防火巡查、检查是重点部位日常管理的一个重要环节，目的在于发现和消除不安全因素和火灾隐患，把火灾事故消灭在萌芽状态，做到防患于未然。

（5）应急备战管理。应根据消防安全重点部位的性质、火灾特点及危险程度，配置相应消防设施和器材，制定灭火和应急疏散预案，并组织员工结合实际开展演练，做好应对火灾事故的各项准备。

（四）消防安全重点工种人员

消防安全重点工种，是指从事具有较大火灾危险性和从事容易引发火灾的操作人员，以及发生火灾后可能由于自身未履行职责或操作不当造成火灾伤亡或火灾损失加大的操作人员。消防安全重点工种包括消防控制室值班人员、消防设施操作人员以及电工、焊工等。

旅游与宗教活动场所应从以下方面加强对重点工种人员的消防安全管理。

1. 实行持证上岗制度。单位从事电焊、气焊等具有火灾危险作业的人员和自动消防系统的操作人员，必须持证上岗，并遵守消防安全操作规程。

2. 制定和落实岗位消防安全管理制度。目的是使每名重点工种岗位人员都有明确的职责，掌握操作规程，树立消防安全责任意识和职业风险意识。

3. 加强日常管理。制订切实可行的学习、训练和考核计划，定期组织重点工种人员进行技术培训和消防知识学习，使岗位责任制同经济责任制相结合，奖惩挂钩。

4. 建立人员档案。建立重点工种人员个人档案，内容应包含人事和安全技术方面，通过人事概况以及事故记录等方面的记载，是对该类人员进行全面、历史的了解和考察的一种重要管理方法。

五、消防安全管理的内容

1. 明确消防安全职责，落实消防安全责任制。单位要落实逐级消防安全责任制，首先应确定消防安全责任人、消防安全管理人，明确逐级和岗位消防安全职责，制定各项消防安全制度和消防安全操作规程。

2. 建立消防安全组织。旅游与宗教活动场所应依法建立消防工作归口管理职能部门、微型消防站、志愿消防队等消防安全机构与组织，设立专兼职消防人员。

3. 报告单位消防安全管理信息。依法通过“社会单位消防安全户籍化管理系统”平台，将旅游与宗教活动场所基本情况信息、消防安全责任人、消防安全管理人、专（兼）职消防管理员、消防控制室值班操作人员、消防安全重点部位等，向政府消防救援机构报告备案。同时定期将履行消防安全职责情况、消防设施维保和设备运行等情况向政府消防救援机构报告。

4. 申报消防行政许可事项和消防备案。旅游与宗教活动场所在新建、改建、扩建、装修或变更房屋用途时，应当依法向当地有关部门申报消防设计审核验收或备案；旅游与宗教活动场所内举办大型群众性活动时，应当在举办前依法向公安机关治安部门申报安全检查。

5. 维护消防设施。依法定期对消防设施进行巡查、检测、维护和保养，确保完好有效。

6. 开展防火检查和火灾隐患整改。定期开展防火巡查与检查，及时发现消防安全违法行为和火灾隐患，做到消防安全自查，火灾隐患自除。

7. 开展消防宣传教育培训。依法应开展经常性的消防安全宣传，定期对员工进行岗前消防安全培训，并参加有组织的消防安全专门培训，提高单位员工消防安全四个能力和专（兼）职消防人员的消防专业素养。

8. 制订灭火和应急疏散预案并组织演练。为贯彻“预防为主、防消结合”的消防工作方针，发生火灾快速处置初期火灾事故，保障人员紧急疏散，最大限度地减少人员伤亡和财产损失，单位应制订灭火和应急疏散预案，并依法定期组织有针对性的消防演练。

9. 协助火灾事故处理。火灾扑灭后，发生火灾的单位和相关人员应当依法保护火灾现场，接受火灾事故调查。协助统计和核定火灾损失。

10. 建立和管理消防档案。为推动消防安全管理工作朝着规范化、制度化方向发展，单位应依法建立消防档案。

第三节　旅游与宗教活动场所消防安全管理的依据

我国消防安全管理的依据是消防法律法规，包括消防法律、消防行政法规、消防地方性法规、消防行政规章以及消防标准和规范性文件等，这些构成了完整的消防法律法规体系。

一、消防法律

消防法律是指由全国人民代表大会及其常务委员会制定的有关消防安全方面的法律。根据消防法律所规定的权利、义务、内容与消防安全直接关系程度的不同，消防法律分为专门消防法律和相关消防法律，前者是专为消防安全管理而制定，而后者虽不是专门为消防管理制定，但其内容与消防安全相关。

（一）《中华人民共和国消防法》

现行《消防法》于2019年4月23日第十三届全国人民代表大会常务委员会第十次会议通过修订，自2019年4月23日起实施。该法是我国消防工作的专门性法律，该法共7章74条，分为总则、火灾预防、消防组织、灭火救援、监督检查、法律责任和附则。其立法宗旨是预防火灾和减少火灾危害，加强应急救援工作，保护人身、财产安全，维护公共安全。

（二）《中华人民共和国治安管理处罚法》

现行《中华人民共和国治安管理处罚法》（以下简称《治安管理处罚法》）于2012年10月26日第十一届全国人民代表大会常务委员会第二十九次会议通过修正，自2013年1月1日起施行。该法共6章119条，分为总则、处罚的种类和适用、违反治安管理的行为和处罚、处罚程序、执法监督和附则。其立法宗旨是为维护社会治安秩序，保障公共安全，保护公民、法人和其他组织的合法权益，规范和保障公安机关及其人民警察依法履行治安管理职责。

（三）《中华人民共和国安全生产法》

现行《中华人民共和国安全生产法》（以下简称《安全生产法》）于2014年8月31日第十二届全国人民代表大会常务委员会第十次会议通过修正，于2014年12月1日起实施。该法共7章114条，分为总则、生产经营单位的安全生产保障、从业人员的安全生产权利义务、安全生产的监督管理、生产安全事故的应急救援与调查处理、法律责任和附则。其立法宗旨是加强安全生产工作，防止和减少生产安全事故，保障人民群众生命和财产安全，促进经济社会持续健康发展。单位消防安全是安全生产的一个重要方面，《安全生产法》与《消防法》是一般法与特别法的关系，除《消防法》有特别规定外，生产经营单位的安全生产适用《安全生产法》。

（四）《中华人民共和国行政处罚法》

现行《中华人民共和国行政处罚法》（以下简称《行政处罚法》）于2017年9月1日第十二届全国人民代表大会常务委员会第二十九次会议通过修正，自2018年1月1日起施行。该法共8章64条，分为总则、行政处罚的种类和设定、行政处罚的实施机关、行政处罚的管辖和适用、行政处罚的决定、行政处罚的执行、法律责任和附则。其立法宗旨是规范行政处罚的设定和实施，保障和监督行政机关有效实施行政管理，维护公共利益和社会秩序，保护公民、法人或者其他组织的合法权益。

（五）《中华人民共和国刑法》

现行《中华人民共和国刑法修正案（十）》（以下简称《刑法》）于2017年11月4日第十二届全国人大常委会第三十次会议表决通过，自2017年11月4日起施行。该法共2篇15章452条，分为：第一编总则（共5章，包括刑法的任务、基本原则和适用范围，犯罪，刑罚，刑罚的具体运用，其他规定）、第二编分则（共10章，包括危害国家安全罪，危害公共安全罪，破坏社会主义市场经济秩序罪，侵犯公民人身权利、民主权利罪，侵犯财产罪，妨害社会管理秩序罪，危害国防利益罪，贪污贿赂罪，渎职罪，军人违反职责罪）和附则。其立法目的是惩罚犯罪，以保卫国家安全，保卫人民民主专政的政权和社会主义制度，保护国有财产和劳动群众集体所有的财产，保护公民私人所有的财产，保护公民的人身权利、民主权利和其他权利，维护社会秩序、经济秩序，保障社会主义建设事业的顺利进行。

（六）《中华人民共和国旅游法》

现行《中华人民共和国旅游法》（以下简称《旅游法》）于2013年4月25日第十二届全国人民代表大会常务委员会第二次会议通过，自2013年10月1日起施行。2016年11月7日第十二届全国人民代表大会常务委员会第二十四次会议《关于修改〈中华人民共和国对外贸易法〉等十二部法律的决定》修正。该法共10章112条，是为保障旅游者和旅游经营者的合法权益，规范旅游市场秩序，保护和合理利用旅游资源，促进旅游业持续健康发展而制定。其第79条明确规定，旅游经营者应当严格执行安全生产管理和消防安全管理的法律、法规和国家标准、行业标准，具备相应的安全生产条件，制定旅游者安全保护制度和应急预案。

二、消防行政法规和地方性消防法规

（一）消防行政法规

消防行政法规是指由国务院制定的有关消防安全工作的法律规范性文件，在全国范围内适用，法律效力仅次于消防法律。

1.《国务院关于特大安全事故行政责任追究的规定》。该规定自2001年4月21日起施行，共24条，旨在有效地防范特大安全事故的发生，严肃追究特大安全事故的行政责任，保障人民群众生命、财产安全。颁布此规定为落实安全生产责任制提供了法律保障，是促进安全生产工作的有力举措。

2.《生产安全事故报告和调查处理条例》。该条例自2007年6月1日起施行，其旨在规范生产安全事故的报告和调查处理程序，落实生产安全事故责任追究制度，防止和减少生产安全事故。该条例对生产安全事故的等级、事故报告、事故调查、事故处理和法律责任等进行了明确。由于该条例所称生产安全事故包括火灾事故，因此，该条例对认定火灾事故等级，以及火灾事故报告、事故调查和事故处理等具有十分重要的指导意义。

3.《中华人民共和国自然保护区条例》。该条例自2017年10月7日起实施，其旨在加强自然保护区的建设和管理，保护自然环境和自然资源。该条例共 5 章 44 条，对自然保护区的建设、自然保护区的管理、法律责任等进行了明确规定。

4.《风景名胜区条例》。该条例自 2006 年 12 月 1 日起施行，其旨在加强对风景名胜区的管理，有效保护和合理利用风景名胜资源。该条例共 7 章 52 条，对风景名胜区的设立、规划、保护、利用和管理以及法律责任进行了规定。

5.《宗教事务条例》。该条例自 2018 年 2 月 1 日起施行，其旨在保障公民宗教信仰自由，维护宗教和睦与社会和谐，规范宗教事务管理，提高宗教工作法治化水平。该条例共 9 章 77 条，对宗教团体、宗教院校、宗教活动场所、宗教教职人员、宗教活动、宗教财产、法律责任进行了规定。

6.《大型群众性活动安全管理条例》。该条例自 2007 年 8 月 29 日国务院第 190 次常务会议通过，以国务院令第 505 号公布，于 2007 年 10 月 1 日起施行，该条例共 5 章 26 条，对举办大型群众性活动的安全责任、安全管理和法律责任作了规定，其旨在加强对大型群众性活动的安全管理，保护公民生命和财产安全，维护社会治安秩序和公共安全。

7.《森林防火条例》《草原防火条例》。这两个条例于 2008 年 11 月 19 日国务院第 36 次常务会议修订通过，自 2009 年 1 月 1 日起施行。这两个条例是为了有效预防和扑救森林与草原火灾，保障人民生命财产安全，保护森林与草原资源，维护生态安全，根据《中华人民共和国森林法》《中华人民共和国草原法》制定的。《森林防火条例》共 6 章 56 条，包括森林火灾预防、森林火灾扑救、灾后处置、法律责任等主要内容。《草原防火条例》共 6 章 49 条，包括草原火灾的预防、草原火灾的扑救、灾后处置、法律责任等主要内容。明确了实行政府全面负责、部门齐抓共管、社会广泛参与的工作机制。

8.《旅游安全管理办法》。该办法经 2016 年 9 月 7 日国家旅游局第 11 次局长办公会议审议通过，自 2016 年 12 月 1 日起施行。该办法是为了加强旅游安全管理，提高应对旅游突发事件的能力，保障旅游者的人身、财产安全，促进旅游业持续健康发展，根据有关法律制定的。该办法共 6 章 45 条，主要内容有经营安全、风险提示、安全管理等。

（二）地方性消防法规

地方性消防法规是由有立法权的地方人民代表大会或其常务委员会在不与消防法律、消防行政法规相抵触的前提下，根据本地区社会和经济发展的具体情况以及消防工作的实际需要而制定的有关消防安全管理的法律规范性文件。例如，各省、自治区、直辖市都有本行政区域的消防条例。地方性消防法规在法律效力上低于消防法律和消防行政法规，其适用范围仅限于本行政区域之内。地方性消防法规具有很强的可操作性，是进行消防安全管理的重要法律依据，对消防安全服务、地方经济建设、确保一方平安等发挥着重要作用。

三、消防行政规章

消防行政规章分为部门消防规章和地方政府消防规章。部门规章是由国务院所属主管行政部门在本部门权限范围内，根据消防法律、消防行政法规制定的有关消防安全工作的规范性文件。该类规章一般是结合全国范围内或本系统范围内消防安全工作的具体问题和实际情况，对有关消防安全工作提出明确、具体的要求，具有较强的针对性。地方消防规章是由有权限的地方人民政府制定的，明确地方消防工作某些方面的管理要求和管理方法的规范性文件，具有较强的可操作性，适用于本行政区域内。

消防行政规章虽然法律效力等级较低，但在整个消防法律规范体系中占据较大比重，是消防工作重要的法律依据，起到重要的补充作用。

（一）《机关、团体、企业、事业单位消防安全管理规定》

我国于2001年11月14日发布了《机关、团体、企业、事业单位消防安全管理规定》（简称公安部令第61号），自2002年5月1日起施行。该规定共10章48条，分为总则，消防安全责任，消防安全管理，防火检查和火灾隐患整改，消防安全宣传教育和培训，灭火、应急疏散预案和演练，消防档案，奖惩等。出台该规章的目的主要是加强和规范社会单位自身的消防安全管理，推行“自我管理、责任自负”的消防社会化工作机制。

（二）《社会消防安全教育培训规定》

我国于2008年12月30日发布了《社会消防安全教育培训规定》（简称公安部令第109号），自2009年6月1日起施行。该规章共6章37条，分为总则、管理职责、消防安全教育培训、消防安全培训机构、奖惩等。出台该规定的目的主要是加强社会消防安全教育培训工作，提高公民消防安全素质，有效预防火灾，减少火灾危害。

四、消防标准

（一）消防标准的分类

根据标准的强制约束力不同分为强制性标准和推荐性标准，根据层级不同分为国家标准、公共安全行业标准、地方标准和企业标准，根据标准内容不同分为基础标准、工程技术标准、产品标准和管理标准。

（二）常用消防标准

旅游与宗教活动场所消防安全管理常用消防标准，见表1－2。

表1-2　旅游与宗教活动场所消防安全管理常用消防标准一览表

序号	消防标准名称	简　介
1	《建筑设计防火规范》[GB 50016-2014（2018版）]	该规范共12章和3个附录，主要内容包括总则，术语和符号，厂房和仓库，甲、乙、丙类液体、气体储罐（区）与可燃材料堆场，民用建筑，建筑构造，灭火救援设施，消防设施的设置，供暖、通风和空气调节，电气，木结构建筑，城市交通隧道等。
2	《火灾自动报警系统设计规范》（GB 50116-2013）	该规范共12章和7个附录，主要内容包括总则，术语，基本规定，消防联动控制设计，火灾探测器的选择，系统设备的设置，住宅建筑火灾自动报警系统，可燃气体探测报警系统，电气火灾监控系统，系统供电、布线，典型场所的火灾自动报警系统等。
3	《消防给水及消火栓系统技术规范》（GB 50974-2014）	该规范共14章和7个附录，主要内容包括总则、术语和符号、基本参数、消防水源、供水设施、给水形式、消火栓系统、管网、消防排水、水力计算、控制与操作、施工、系统调试与验收、维护管理等。
4	《自动喷水灭火系统设计规范》（GB 50084-2017）	该规范共12章和4个附录，主要内容包括总则、术语和符号、设置场所火灾危险等级、系统选型、设计基本参数、系统组件、喷头布置、管道、水力计算、供水、操作与控制、局部应用系统等。
5	《建筑防烟排烟系统技术标准》（GB 51251-2017）	该规范共9章和7个附录，主要内容包括总则、术语、防烟系统设计、排烟系统设计、系统控制、系统施工、系统调试、系统验收和维护管理等。
6	《建筑内部装修设计防火规范》（GB 50222-2017）	该规范共6章，主要内容包括总则、术语、装修材料的分类和分级、特别场所、民用建筑、厂房仓库。
7	《建筑灭火器配置设计规范》（GB 50140-2005）	该规范共7章和6个附录，主要内容包括总则、术语和符号、灭火器配置场所的火灾种类和危险等级、灭火器的选择、灭火器的设置、灭火器的配置、灭火器配置设计计算。
8	《建筑消防设施的维护管理》（GB 25201-2010）	该标准共10章和5个附录，规定了建筑消防设施值班、巡查、检测、维修、保养、建档等维护管理内容。
9	《人员密集场所消防安全管理》（GA 654-2006）	该标准共10章，规定了人员密集场所使用和管理单位的消防安全管理要求和措施。通过规范自身消防安全管理行为，建立消防安全自查、火灾隐患自除、消防责任自负的自我管理与约束机制。

（续表）

序号	消防标准名称	简　介
10	《人员密集场所消防安全管理评估导则》(GA/T 1369－2016)	该标准共7章和6个附录，其规定了人员密集场所消防安全管理评估的工作程序及步骤、评估单元及评估内容、消防安全管理评估结论和消防安全评估报告的要求。
11	《多产权建筑消防安全管理》(GA/T 1245－2015)	该标准共5章，其规定了多产权建筑消防安全管理中产权方、使用方和统一管理单位的消防安全职责，并对多产权建筑消防安全管理提出了相应的管理措施。
12	《宗教活动场所和旅游场所燃香安全规范》(GB 26529－2011)	该标准共6章，规定了宗教活动场所和旅游场所燃香安全的基本要求、安全管理和培训与宣传。
13	《文物建筑消防安全管理规范》(DB13/T 2640－2017)	该标准为河北省地方标准，共6章，规定了文物建筑消防安全的术语和定义、一般要求、设施设置、安全管理和自我评定。
14	《公园、风景名胜区安全管理规范》(DB11/T 280－2005)	该标准为北京市地方标准，共5章，规定了公园、风景名胜区管理机构及各级人员的安全生产职责和管理要求。

五、消防规范性文件

本教程所讲的消防规范性文件，是指除消防法律、消防行政法规、消防行政规章以外的由行政机关或法律法规授权组织发布的具有普遍约束力、可以反复适用的文件。

1.《消防安全责任制实施办法》。2017年10月29日国务院办公厅发布了《消防安全责任制实施办法》(国办发〔2017〕87号)，它是指导“十三五”期间消防事业发展的纲领性文件。该文件共6章31条，分为总则、地方各级人民政府消防工作职责、县级以上人民政府工作部门消防安全职责、单位消防安全职责、责任落实、附则。出台该办法的目的，旨在深入贯彻《消防法》《安全生产法》和党中央、国务院关于安全生产及消防安全的重要决策部署，按照政府统一领导、部门依法监管、单位全面负责、公民积极参与的原则，坚持党政同责、一岗双责、齐抓共管、失职追责，进一步健全消防安全责任制，提高公共消防安全水平，预防火灾和减少火灾危害，保障人民群众生命财产安全。

2.《社会消防安全教育培训大纲（试行）》。2011年7月11日公安部、教育部、人力资源和社会保障部联合发布了《社会消防安全教育培训大纲（试行）》(以下简称《大纲》)，作为《社会消防安全教育培训规定》的配套文件，针对政府及其职能部门消防工作负责人，社区居民委员会和村民委员会消防工作负责人，社会单位消防安全责任人、管理人和专职消防安全管理人员，自动消防系统操作、消防安全监测人员，建设工程设计人员和消防设施施工、监理、检测、维保等执业人员，易燃易爆危险化学品从业人员，电工、电气焊工等特殊工种作业人员，消防志愿人员，保安员，社会单位员工，大学生、中学生、小学生、学龄前儿童，居（村）民13类人员特点，从消防安全基本知识、消防法规基本常识、消防工作基本要求和消防基本能力训练四个方面，明确了消防安全教育培训对象、目的、主要内容、课时和基本要求，是开展社会消防安全教育培训的依据和参考，也是相关部门考评培训对象的基本标准。

第四节　旅游与宗教活动场所消防安全组织机构

消防安全组织是单位为更好地开展消防安全管理工作而设立的机构或部门，应符合《消防法》和公安部令第61号等的规定，便于切实加强消防工作，落实消防安全责任制，有效遏制重大、特大火灾尤其是群死群伤火灾事故的发生。

一、消防工作归口管理职能部门

属于消防安全重点单位和火灾高危单位的旅游与宗教活动场所设置消防工作归口管理职能部门，并确定专职或者兼职的消防管理人员；其他单位确定专职或者兼职消防管理人员，亦可确定消防工作归口管理职能部门。消防工作归口管理职能部门和专兼职消防管理人员在消防安全责任人、消防安全管理人的领导下开展消防安全管理工作，如图1-5所示。

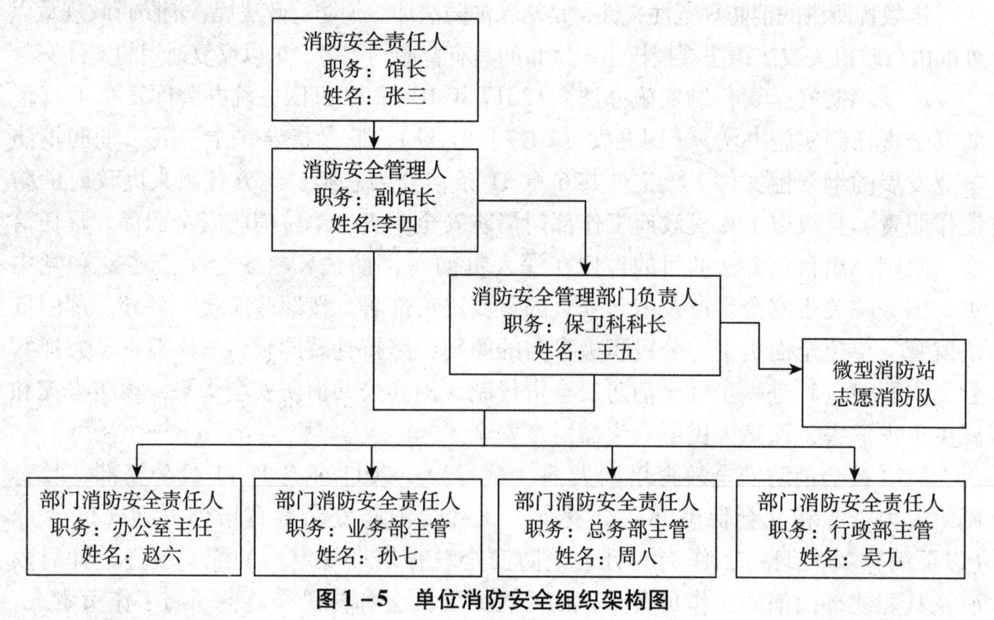

图1-5　单位消防安全组织架构图

二、专职消防队、微型消防站和志愿消防队

(一) 专职消防队

1. 建立原则。根据《消防法》第39条的规定，距离国家综合性消防救援队较远、被列为全国重点文物保护单位的古建筑群的管理单位，应当建立单位专职消防队。

2. 建设要求。专职消防队的建立应参照《城市消防站建设标准》，并按照当地消防救援部门的要求，配齐装备、配强人员。建设完成后，按照程序报请当地消防救援机构对营房设施、车辆配备、人员编配、训练场地和器材进行验收，以保证具有一定的战斗力。

(二) 微型消防站

微型消防站是单位、社区组建的有人员、有装备，具备扑救初起火灾能力的志愿消防队。全天候执勤，具备发现快、到场快、处置快以及机动灵活的特点，对于提升单位火灾防控和应急处置能力具有十分重要的现实意义。

1. 建立原则。设有消防控制室的旅游与宗教活动场所消防安全重点单位，以救早、灭小和“3min到场”扑救初起火灾为目标，依托单位志愿消防队伍，配备必要的消防器材，建立微型消防站，积极开展防火巡查和初起火灾扑救等火灾防控工作。合用消防控制室的消防安全重点单位，可联合建立微型消防站。

2. 站房器材配置。

(1) 微型消防站应设置人员值守、器材存放等用房，可与消防控制室合用。有条件的，可单独设置。

(2) 微型消防站应根据扑救初起火灾需要，配备一定数量的灭火器、水枪、水带等灭火器材，配置外线电话、手持对讲机等通信器材。有条件的站点可选配消防头盔、灭火防护服、防护靴、破拆工具等器材。

(3) 微型消防站应在建筑物内部和避难层设置消防器材存放点，可根据需要在建筑之间分区域设置消防器材存放点。

(4) 有条件的微型消防站可根据实际选配消防车辆。

3. 人员配备。

(1) 微型消防站人员配备不少于6人。

(2) 微型消防站应设站长、副站长、消防员、控制室值班员等岗位，配有消防车辆的微型消防站应设驾驶员岗位。

(3) 站长应由单位消防安全管理人兼任，消防员负责防火巡查和初起火灾扑救工作。

(4) 微型消防站人员应当接受岗前培训，培训内容包括扑救初起火灾业务技能、防火巡查基本知识等。

4. 值守联动要求。

(1) 微型消防站应建立值守制度，确保值守人员24h在岗在位，做好应急

准备。

（2）接到火警信息后，控制室值班员应迅速核实火情，启动灭火处置程序。消防员应按照“3min 到场”要求及时赶赴现场处置。

（3）微型消防站应纳入当地灭火救援联勤联动体系，参与周边区域灭火处置工作。

5. 管理与训练。微型消防站建成后，为保证其具有战斗力，应从以下方面进行管理和训练：

（1）微型消防站建成后，应当向辖区消防救援部门备案。

（2）微型消防站应制定并落实岗位培训、队伍管理、防火巡查、值守联动、考核评价等管理制度。

（3）微型消防站应组织开展日常业务训练，不断提高扑救初起火灾的能力。训练内容包括体能训练、灭火器材和个人防护器材的使用等。

（三）志愿消防队

志愿消防队是指乡镇、机关、团体或企事业组织等出资建立，由本区域或者本单位人员志愿组成，志愿承担本区域或者本单位防火和灭火扑救工作的民间消防组织。

1. 建立原则及组建要求。根据《消防法》和《关于积极促进志愿消防队伍发展的指导意见》（公通字［2012］61 号）的要求，旅游和宗教活动场所以及村民委员会或经营管理农家乐（民宿）的行业协会应根据需要，建立志愿消防队。志愿消防队员数量不应少于本场所从业人员数量的 30%，并结合本单位实际配备相应的消防装备和器材，定期开展训练。志愿消防队由单位消防工作归口管理职能部门直接领导和管理，其负责人担任志愿消防队队长。

2. 日常管理。

（1）日常运转。将志愿消防队人员分别编为通讯联络、灭火行动、疏散引导、安全救护、现场警戒 5 个组，并合理确定岗位工作班次。

（2）培训与演练。每半年至少对志愿消防队员进行一次培训，培训内容包括防火巡查及初起火灾处置方法；按照单位消防预案，每半年开展一次消防预案演练，使其明确各自在火灾处置中的职责。

思考题

1. 我国消防工作的方针是什么？如何理解？
2. 如何理解我国消防工作的原则？
3. 消防安全管理有哪些主要内容？
4. 简述我国消防法律法规体系。
5. 如何认识旅游与宗教活动场所的火灾危险性？
6. 引发旅游与宗教活动场所火灾的主要原因有哪些？

第二章　旅游与宗教活动场所消防安全责任

旅游与宗教活动场所作为社会的一个基本单元，是自身消防安全的责任主体。实践证明，只有各行业依法切实履行消防安全职责，落实消防安全管理措施，消防工作才会有坚实的社会基础，才能避免火灾事故的发生，达到有效预防火灾和减少火灾危害的目的。

第一节　单位及相关人员消防安全职责

旅游与宗教活动场所要建立健全消防安全管理体系，明确逐级和岗位消防安全职责，确定各级、各岗位的消防安全责任人，履行相应的消防安全职责，落实逐级消防安全责任制和岗位消防安全责任制。

一、旅游与宗教活动场所的消防安全管理职责

（一）一般单位的消防安全管理职责

旅游与宗教活动场所为一般单位时，应当履行下列消防安全管理职责：

1. 明确各级、各岗位消防安全责任人及其职责，制定本单位的消防安全制度、消防安全操作规程、灭火和应急疏散预案。定期组织开展灭火和应急疏散演练，进行消防工作检查考核，保证各项规章制度落实。

2. 保证防火检查巡查、消防设施器材维护保养、建筑消防设施检测、火灾隐患整改、志愿消防队和微型消防站建设等消防工作所需资金的投入。单位安全费用应当保证适当比例用于消防工作。

3. 按照相关标准配备消防设施、器材，设置消防安全标志，定期检验维修，对建筑消防设施每年至少进行一次全面检测，确保完好有效。设有消防控制室的，实行24h值班制度，每班不少于2人，并持证上岗。

4. 保障疏散通道、安全出口、消防车通道畅通，保证防火防烟分区、防火间距符合消防技术标准。人员密集场所的门窗不得设置影响逃生和灭火救援的障碍物。保证建筑构件、建筑材料和室内装修装饰材料等符合消防技术标准。

5. 定期开展防火检查、巡查，及时消除火灾隐患。

6. 根据需要建立专职消防队、志愿消防队、微型消防站，加强队伍建设，定期组织训练演练，加强消防装备配备和灭火药剂储备，建立与国家综合性消防救援队联勤联动机制，提高扑救初起火灾能力。

7. 消防法律、法规、规章以及政策文件规定的其他职责。

（二）消防安全重点单位的消防安全职责

旅游与宗教活动场所属于消防安全重点单位时，除应当履行一般单位的基本消防安全管理职责外，还应当履行下列消防安全管理职责：

1. 明确承担消防安全管理工作的机构和消防安全管理人并报知当地消防救援机构，组织实施本单位消防安全管理。消防安全管理人应当经过消防培训。

2. 建立消防档案，确定消防安全重点部位，设置防火标志，实行严格管理。

3. 安装、使用电器产品、燃气用具和敷设电气线路、管线必须符合相关标准和用电、用气安全管理规定，并定期维护保养、检测。

4. 组织员工进行岗前消防安全培训，定期组织消防安全培训和疏散演练。

5. 根据需要建立微型消防站，积极参与消防安全区域联防联控，提高自防自救能力。

6. 积极应用消防远程监控、电气火灾监测、物联网技术等技防物防措施。

（三）火灾高危单位的消防安全职责

旅游与宗教活动场所属于火灾高危单位时，除应当履行一般单位消防安全职责和消防安全重点单位的消防安全职责外，还应当履行下列职责：

1. 定期召开消防安全工作例会，研究本单位消防工作，处理涉及消防经费投入、消防设施设备购置、火灾隐患整改等重大问题。

2. 鼓励消防安全管理人取得注册消防工程师执业资格，消防安全责任人和特有工种人员须经消防安全培训；自动消防设施操作人员应取得消防设施操作员职业资格证书。

3. 微型消防站应当根据本单位火灾危险特性配备相应的消防装备器材，储备足够的灭火救援药剂和物资，定期组织消防业务学习和灭火技能训练。

4. 按照国家标准配备应急逃生设施设备和疏散引导器材。

5. 建立消防安全评估制度，由具有资质的机构定期开展评估，评估结果向社会公开。

6. 参加火灾公众责任保险。

（四）特定单位的消防安全职责

旅游与宗教活动场所存在多产权单位、使用单位或委托经营、管理单位情形时，由于其自身特点，其应履行的消防安全职责有所不同。

1. 多产权建筑物中单位的消防安全职责。同一建筑物由两个以上单位管理或者使用的，应当明确各方的消防安全责任，并确定责任人对共用的疏散通道、安全出口、建筑消防设施和消防车通道进行统一管理。

2. 承包、租赁或委托经营、管理时单位的消防安全职责。实行承包、租赁或者委托经营、管理时，产权单位应当提供符合消防安全要求的建筑物，当事人在订立的合同中依照有关规定应明确各方的消防安全责任；消防车通道、涉及公共消防安全的疏散设施和其他建筑消防设施应当由产权单位或者委托管理的单位统一管理。

3. 物业服务企业的消防安全职责。物业服务企业应当按照合同约定提供消防安全防范服务，对管理区域内的共用消防设施和疏散通道、安全出口、消防车通道进行维护管理，及时劝阻和制止占用、堵塞、封闭疏散通道、安全出口、消防车通道等行为，劝阻和制止无效的，立即向公安机关等主管部门报告。定期开展防火检查巡查和消防宣传教育。

二、消防安全管理人员的消防安全职责

（一）消防安全责任人的消防安全职责

《消防法》第16条规定，单位的主要负责人是本单位的消防安全责任人。所以旅游与宗教活动场所的消防安全责任人应由该场所的法定代表人或者主要负责人担任。承包、租赁旅游与宗教活动场所的承租人是其承包、租赁范围的消防安全责任人。消防安全责任人对场所消防安全工作全面负责，且应当履行下列消防安全职责：

1. 贯彻执行消防法规，保障单位消防安全符合规定，掌握本单位的消防安全情况。

2. 将消防工作与本单位的经营、管理等活动统筹安排，批准实施年度消防工作计划。

3. 为本单位的消防安全提供必要的经费和组织保障。

4. 确定逐级消防安全责任，批准实施消防安全制度和保障消防安全的操作规程。

5. 组织防火检查，督促落实火灾隐患整改，及时处理涉及消防安全的重大问题。

6. 根据消防法规的规定建立志愿消防队和微型消防站。

7. 组织制定符合本单位实际的灭火和应急疏散预案，并实施演练。

（二）消防安全管理人的消防安全职责

消防安全管理人一般为单位中有一定领导职务和权限的人员，可以由单位的某位副职担任，也可以单独设置或者聘任，受消防安全责任人委托，具体负责管理单位的消防安全工作。未确定消防安全管理人的旅游与宗教活动场所，由旅游与宗教活动场所消防安全责任人负责实施消防安全管理。消防安全管理人对该场所的消防安全责任人负责，定期向消防安全责任人报告消防安全情况，及时报告涉及消防安全的重大问题。具体实施和组织落实下列消防安全管理工作：

1. 拟订年度消防工作计划，组织实施日常消防安全管理工作。

2. 组织制定消防安全管理制度和保障消防安全的操作规程，并检查督促其落实。

3. 拟订消防安全工作的资金投入和组织保障方案。

4. 组织实施防火检查和火灾隐患整改工作。

5. 组织实施对本单位消防设施、灭火器材和消防安全标志的维护保养，确保其完好有效，确保疏散通道和安全出口畅通。

6. 组织管理志愿消防队和微型消防站。

7. 在员工中组织开展消防知识、技能的宣传教育和培训，组织灭火和应急疏散预案的实施和演练。

8. 落实消防安全责任人委托的其他消防安全管理工作。

（三）农家乐（民宿）业主的消防安全职责

农家乐（民宿）的业主（或负责人）是消防安全责任人，应履行下列消防安全职责：

1. 建立健全防火责任制和消防安全制度。

2. 配齐并维护保养消防设施、器材。

3. 组织开展防火检查，整改火灾隐患。

4. 每年对从业人员进行消防安全教育培训。

5. 制订灭火和疏散预案，每半年至少组织一次消防演练。

6. 及时报火警，组织引导人员疏散，组织扑救初起火灾。

（四）专（兼）职消防安全管理人员的消防安全职责

属于消防安全重点单位的旅游与宗教活动场所应设置或者确定消防工作的归口管理职能部门，并确定专（兼）职消防安全管理人员。专（兼）职消防安全管理人员应履行下列职责：

1. 掌握本场所消防安全状况和消防工作情况，并及时向上级报告。

2. 提请确定消防安全重点部位，提出落实消防安全管理措施和建议。

3. 实施日常防火检查、巡查，及时发现火灾隐患，落实火灾隐患整改措施。

4. 管理、维护消防设施、灭火器材和消防安全标志。

5. 组织开展消防宣传，对员工进行教育培训。

6. 编制灭火和应急疏散预案，组织演练。

7. 记录消防工作开展情况，完善消防档案。

8. 完成其他消防安全管理工作。

（五）部门消防安全责任人员的消防安全职责

各部门负责人是所在部门的消防安全责任人，应履行下列消防安全职责：

1. 掌握本责任区消防安全情况，贯彻执行旅游与宗教活动场所消防安全管理制度和保障消防安全的操作规程，全面落实本责任区消防安全责任。

2. 开展员工消防安全宣传教育活动，督导员工认真执行安全操作规程，遵守安全用电、用火、用气规定。

3. 加强用电、用热、用气设备、设施及压力容器、易燃易爆危险物品的安全管理，确保特殊工种岗位人员持证上岗操作。

4. 落实每日防火巡查工作，确保本责任区疏散通道、安全出口畅通，灭火器材、消防设施及疏散指示标志完好有效。

5. 定期开展消防安全自查，发现火灾隐患及时组织整改，重大情况应立即向上级主管及保卫部门报告。

6. 发生火灾时，组织员工按预案疏散人员，扑救火灾。

7. 完成确定的其他消防安全工作，接受单位专（兼）职消防安全管理人员的检查和监督。

（六）安全员的消防安全职责

1. 提示信教群众和游客文明有序进香，供应的香要符合《燃香类产品安全通用技术条件》（GB 26386）燃香类产品通用技术要求。

2. 及时清理香头，并进行安全处理，消除火灾隐患。

3. 定期检查、维修和保养设施和器材，确保运行良好。

4. 负责所管辖区域内的消防安全工作，特别是用于燃香的固定火源安全。

5. 当风力达到或超过四级时或天气持续干燥，应加强对燃香点的检查和清理，必要时，停止燃香活动。

6. 当参加燃香活动的人数超过宗教活动场所和旅游场所设定的安全接待人数时，应采取限制进入、及时疏导等有效措施。

三、各工种人员的消防安全职责

（一）员工的消防安全职责

旅游与宗教活动场所的员工或从业人员应严格执行消防安全制度和操作规程，参加消防安全培训及灭火和应急疏散预案演练，熟知本场所、本岗位火灾危险性和消防安全常识，发生火灾会引导人员疏散。

（二）消防控制室值班员的职责

1. 熟悉和掌握消防控制室设备的功能及操作规程，按照规定测试自动消防设施的功能，保障消防控制室设备的正常运行。

2. 对火警信号应立即确认，火灾确认后应立即报火警并向消防主管人员报告，随即启动灭火和应急疏散预案。

3. 对故障报警信号应及时确认，消防设施故障应及时排除，不能排除的应立即向部门主管人员或消防安全管理人报告。

4. 不间断值守岗位，做好消防控制室的火警、故障和值班记录。

（三）消防设施操作人员的职责

1. 熟悉和掌握消防设施的功能和操作规程。

2. 对消防设施进行检查和保养，保证消防设施和消防电源处于完好有效状态。

3. 发现故障应及时排除，不能排除的应及时向上级主管人员报告。

4. 做好运行、操作和故障记录。

（四）保安人员的消防安全职责

1. 按照本单位的管理规定进行防火巡查，并做好记录，发现问题应及时报告。

2. 发现火灾应及时报火警并报告主管人员，协助灭火救援和人员疏散。

3. 劝阻和制止违反消防法规和消防安全管理制度的行为。

4. 接到控制室指令后，对有关报警信号及时确认。

（五）电工、焊工操作人员的消防安全职责

1. 执行有关消防安全制度和操作规程，履行审批手续。

2. 落实相应作业现场的消防安全措施，保障消防安全。

3. 发生火灾后应立即报火警，实施扑救。

第二节　消防违法行为及消防法律责任

一、消防法律责任

消防法律责任，是指消防安全责任主体依法应当履行的消防安全职责义务，以及因违反法定消防安全职责义务而应承担的违法责任后果。

根据消防违法行为所违反的法律的性质，消防法律责任分为消防行政责任、消防民事责任和消防刑事责任。

（一）消防行政责任

消防行政责任，是指违法行为人违反有关消防法律、法规的规定，但尚未构成犯罪的行为依法应当承担的法律责任。消防行政责任分为以下两大类：

1. 消防行政处罚，是指消防行政执法主体为维护公共消防安全，依法对违反消防法律、法规而尚未构成犯罪的违法行为人实施的一种法律制裁措施。根据《消防法》的规定，消防行政处罚主要有以下六种：警告，罚款，没收违法所得，责令停产停业和责令停止使用、停止施工，责令停止执业或吊销资质、资格，以及行政拘留。

2. 消防行政处分，指对国家工作人员以及在机关、单位任职的人员的消防行政违法行为，由所在单位或者其上级主管机关给予的一种制裁性措施。行政处分不同于行政处罚，行政处分属于内部行政责任。《消防法》规定的行政处分主要有处分和警告两种。

（二）消防民事责任

违法行为人违反消防安全管理规定或者发生重大、特大火灾的，涉及民事损失、损害的，应当依法承担相应的民事责任。依据民法通则，承担民事责任的方式主要有：赔偿损失、排除妨碍、恢复原状、消除影响等。

（三）消防刑事责任

消防刑事责任，是指违法行为人违反消防法律的有关规定发生重大伤亡事故或者造成其他严重后果构成犯罪的，由司法机关依照《刑法》和刑事诉讼程序给予刑罚的一种法律责任。

刑罚分为主刑和附加刑两种。主刑是对犯罪嫌疑人适用的主要刑罚，主刑的种类有管制、拘役、有期徒刑、无期徒刑和死刑。附加刑是补充主刑适用的刑罚，其既可以附加主刑适用，也可以独立使用（没收财产除外）。附加刑包括罚金、剥夺政治权利、没收财产和驱逐出境。

二、消防违法行为及其行政处罚

根据《消防法》和《治安管理处罚法》的相关规定，存在以下消防违法行为，分别给予相应种类的消防行政处罚。

（一）建设工程责任主体消防违法行为及其处罚

1. 有下列行为之一的，由住房和城乡建设主管部门、消防救援机构按照各自职权责令停止施工、停止使用或者停产停业，并处 3 万元以上 30 万元以下罚款：

（1）依法应当进行消防设计审查的建设工程，未经依法审查或者审查不合格，擅自施工的。

（2）依法应当进行消防验收的建设工程，未经消防验收或者消防验收不合格，擅自投入使用的。

（3）除特殊建设工程以外的其他建设工程验收后经依法抽查不合格，不停止使用的。

（4）公众聚集场所未经消防安全检查或者经检查不符合消防安全要求，擅自投入使用、营业的。

2. 有下列行为的，由住房和城乡建设主管部门责令改正，处 5000 元以下罚款：

建设单位对除特殊建设工程以外的其他建设工程在验收后未依法报住房和城乡建设主管部门备案的。

3. 有下列行为之一的，由住房和城乡建设主管部门责令改正或者停止施工，并处 1 万元以上 10 万元以下罚款：

（1）建设单位要求建筑设计单位或者建筑施工企业降低消防技术标准设计、施工的。

（2）建筑设计单位不按照消防技术标准强制性要求进行消防设计的。

（3）建筑施工企业不按照消防设计文件和消防技术标准施工，降低消防施工质量的。

（4）工程监理单位与建设单位或建筑施工企业串通，弄虚作假，降低消防施工质量的。

（二）单位不履行相关消防安全职责的违法行为及其处罚

1. 单位有下列行为之一的，责令改正，处5000元以上5万元以下罚款：

（1）消防设施、器材或者消防安全标志的配置、设置不符合国家标准、行业标准，或者未保持完好有效的。

（2）损坏、挪用或者擅自拆除、停用消防设施、器材的。

（3）占用、堵塞、封闭疏散通道、安全出口或者有其他妨碍安全疏散行为的。

（4）埋压、圈占、遮挡消火栓或者占用防火间距的。

（5）占用、堵塞、封闭消防车通道，妨碍消防车通行的。

（6）人员密集场所在门窗上设置影响逃生和灭火救援的障碍物的。

（7）对火灾隐患经消防救援机构通知后不及时采取措施消除的。

2. 机关、团体、企业、事业等单位违反《消防法》第16条、第17条、第18条、第21条第2款规定的，责令限期改正；逾期不改正的，对其直接负责的主管人员和其他直接责任人员依法给予处分或者给予警告处罚。

（三）电器产品、燃气用具相关消防违法行为及其处罚

有下列行为之一的，责令停止使用，可以并处1000元以上5000元以下罚款。

1. 电器产品的安装、使用及其线路、管路的设计、敷设、维护保养、检测不符合消防技术标准和管理规定，责令限期改正，逾期不改正的。

2. 燃气用具的安装、使用及其线路、管路的设计、敷设、维护保养、检测不符合消防技术标准和管理规定，责令限期改正，逾期不改正的。

（四）生产、使用消防产品相关消防违法行为及其处罚

1. 有下列行为之一的，处5000元以上5万元以下罚款，并对其直接负责的主管人员和其他直接责任人员处500元以上2000元以下罚款；情节严重的，责令停产停业。

（1）人员密集场所使用不合格的消防产品，责令限期改正，逾期不改正的。

（2）人员密集场所使用国家明令淘汰的消防产品，责令限期改正，逾期不改正的。

2. 生产、销售不合格的消防产品或者国家明令淘汰的消防产品的，由产品质量监督部门或者工商行政管理部门依照《中华人民共和国产品质量法》的规定从重处罚。

3. 消防救援机构应当将发现不合格的消防产品和国家明令淘汰的消防产品的情况通报产品质量监督部门、工商行政管理部门。产品质量监督部门、工商行政管理部门应当对生产者、销售者依法及时予以查处。

（五）行为人消防违法行为及其处罚

1. 有下列行为之一的，对违法行为人处警告或者500元以下罚款。

（1）损坏、挪用或者擅自拆除、停用消防设施、器材的。

（2）占用、堵塞、封闭疏散通道、安全出口或者有其他妨碍安全疏散行为的。

（3）埋压、圈占、遮挡消火栓或者占用防火间距的。

（4）占用、堵塞、封闭消防车通道，妨碍消防车通行的。

2. 有下列行为之一的，依照《治安管理处罚法》的规定，对违法行为人处10日以上15日以下拘留；情节较轻的，处5日以上10日以下拘留：

（1）违反有关消防技术标准和管理规定生产、储存、运输、销售、使用、销毁易燃易爆危险品的；

（2）非法携带易燃易爆危险品进入公共场所或者乘坐公共交通工具的；

（3）谎报火警的；

（4）阻碍消防车、消防艇执行任务的；

（5）阻碍公安机关消防机构的工作人员依法执行职务的。

3. 有下列行为之一的，对违法行为人处警告或者500元以下罚款；情节严重的，处5日以下拘留。

（1）违反消防安全规定进入生产、储存易燃易爆危险品场所的。

（2）违反规定使用明火作业的。

（3）在具有火灾、爆炸危险的场所吸烟、使用明火的。

4. 有下列行为之一，尚不构成犯罪的，对违法行为人处10日以上15日以下拘留，可以并处500元以下罚款；情节较轻的，处警告或者500元以下罚款。

（1）指使或者强令他人违反消防安全规定，冒险作业的。

（2）过失引起火灾的。

（3）在火灾发生后阻拦报警，或者负有报告职责的人员不及时报警的。

（4）扰乱火灾现场秩序，或者拒不执行火灾现场指挥员指挥，影响灭火救援的。

（5）故意破坏或者伪造火灾现场的。

（6）擅自拆封或者使用被公安机关消防机构查封的场所、部位的。

5. 人员密集场所发生火灾，该场所的现场工作人员不履行组织、引导在场人员疏散的义务，情节严重，尚不构成犯罪的，处5日以上10日以下拘留。

行为人在建设工程消防设计、施工、验收、监理，消防产品质量认证、消防设施检测，生产、销售不合格的消防产品或者国家明令淘汰的消防产品，以及单位消防安全职责履行等方面的违法行为的行政处罚，参见以上相关规定。

三、消防违法行为及其刑罚

违法行为人存在违反《消防法》和《治安管理处罚法》规定的消防违法行为，

直接危害公共安全或致使公私财产、国家和人民利益遭受重大损失，社会危害性很大，构成犯罪的，依据《刑法》的规定，应依法追究其刑事责任。

（一）犯放火罪处的刑罚

放火罪，是指故意放火焚烧公私财物，危害公共安全的行为。

1. 立案标准。故意放火，涉嫌下列情形之一的，应予以立案追诉：

（1）导致死亡 1 人以上，或者重伤 3 人以上的；

（2）导致公共财产或者他人财产直接经济损失 50 万元以上的；

（3）造成 10 户以上家庭的房屋以及其他基本生活资料烧毁的；

（4）造成森林火灾，过火有林地面积 2 公顷以上或者过火疏林地、灌木林地、未成林地、苗圃地面积 4 公顷以上的；

（5）其他造成严重后果的情形。

2. 刑罚。根据《刑法》第 114 条和 115 条第 1 款的规定，犯放火罪，尚未造成严重后果的，处 3 年以上 10 年以下有期徒刑；致人重伤、死亡或使公私财产遭受重大损失的，处 10 年以上有期徒刑、无期徒刑或死刑。

（二）犯失火罪处的刑罚

失火罪是指由于行为人的过失引起火灾，造成严重后果，危害公共安全的行为。这是一种以过失酿成火灾的危险方法危害公共安全的犯罪。

1. 立案标准。过失引起火灾，涉嫌下列情形之一的，应予以立案追诉：

（1）导致死亡 1 人以上，或者重伤 3 人以上的；

（2）造成公共财产或者他人财产直接经济损失 50 万元以上的；

（3）造成 10 户以上家庭的房屋以及其他基本生活资料烧毁的；

（4）造成森林火灾，过火有林地面积 2 公顷以上或者过火疏林地、灌木林地、未成林地、苗圃地面积 4 公顷以上的；

（5）其他造成严重后果的情形。

2. 刑罚。根据《刑法》第 115 条第 2 款的规定，犯失火罪的，处 3 年以上 7 年以下有期徒刑；情节较轻的，处 3 年以下有期徒刑或者拘役。

（三）犯消防责任事故罪处的刑罚

消防责任事故罪，是指违反消防管理法规，经消防监督机构通知采取改正措施而拒绝执行，造成严重后果，危害公共安全的行为。

1. 立案标准。违反消防管理法规，经消防监督机构通知采取改正措施而拒绝执行，涉嫌下列情形之一的，应予以立案追诉：

（1）造成死亡 1 人以上，或者重伤 3 人以上的；

（2）造成直接经济损失 50 万元以上的；

（3）造成森林火灾，过火有林地面积 2 公顷以上，或者过火疏林地、灌木林地、未成林地、苗圃地面积 4 公顷以上的；

（4）其他造成严重后果的情形。

2. 刑罚。根据《刑法》第139条的规定，犯消防责任事故罪，对直接责任人员，处3年以下有期徒刑或者拘役；后果特别严重的，处3年以上7年以下有期徒刑。

（四）犯不报、谎报安全事故罪处的刑罚

不报、谎报安全事故罪，是指在安全事故发生后，负有报告职责的人员不报或者谎报事故情况，贻误事故抢救，情节严重，危害公共安全的行为。

1. 立案标准。在安全事故发生后，负有报告职责人员不报或者谎报事故情况，贻误事故抢救的，涉嫌下列情形之一的，应予以立案追诉：

（1）造成死亡1人以上，或者重伤3人以上的；

（2）造成直接经济损失50万元以上的；

（3）造成森林火灾，过火有林地面积2公顷以上，或者过火疏林地、灌木林地、未成林地、苗圃地面积4公顷以上的；

（4）其他造成严重后果的情形。

2. 刑罚。根据《刑法》第139条之一的规定，在安全事故发生后，负有报告职责的人员不报或者谎报事故情况，贻误事故抢救，情节严重的，处3年以下有期徒刑或者拘役；情节特别严重的，处3年以上7年以下有期徒刑。

（五）犯重大责任事故罪处的刑罚

重大责任事故罪，是指在生产、作业中违反有关安全管理的规定，因而发生重大伤亡事故或者造成其他严重后果的行为。

1. 立案标准。在生产、作业中违反有关安全管理的规定，涉嫌下列情形之一的，应予以立案追诉：

（1）造成死亡1人以上，或者重伤3人以上的；

（2）造成直接经济损失50万元以上的；

（3）发生矿山生产安全事故，造成直接经济损失100万元以上的；

（4）其他造成严重后果的情形。

2. 刑罚。根据《刑法》第134条第1款的规定，在生产、作业中违反有关安全管理的规定，因而发生重大伤亡事故或者造成其他严重后果的，处3年以下有期徒刑或者拘役；情节特别恶劣的，处3年以上7年以下有期徒刑。

（六）犯大型群众性活动重大安全事故罪处的刑罚

大型群众性活动重大安全事故罪，是指举办大型群众性活动违反安全管理规定，因而发生重大伤亡事故或者造成其他严重后果的行为。

1. 立案标准。举办大型群众性活动违反安全管理规定，涉嫌下列情形之一的，应予以立案追诉：

（1）造成死亡1人以上，或者重伤3人以上的；

（2）造成直接经济损失50万元以上的；

（3）其他造成严重后果的情形。

2. 刑罚。根据《刑法》第135条之一的规定，举办大型群众性活动违反安全管理规定，因而发生重大伤亡事故或者造成其他严重后果的，对直接负责的主管人员和其他直接责任人员，处3年以下有期徒刑或者拘役；情节特别恶劣的，处3年以上或者7年以下有期徒刑。

第三节　典型火灾事故责任追究案例

一、武当山遇真宫“1·19”火灾事故责任追究

（一）火灾事故简介

2003年1月19日晚，有着500多年历史的世界文化遗产湖北武当山遇真宫突发大火，大殿三间房屋化为灰烬，如图2－1所示。

（二）火灾成因分析

经火灾事故调查认定，该起火灾是由于遇真宫大殿原居住人员杨×林搭设照明线路和灯具不规范，埋下了事故隐患。现居住人员周×波疏忽大意，使用电灯不当，导致电灯烤燃他物而引发。

图2－1　武当山遇真宫“1·19”火灾

（三）火灾事故责任追究

2003年6月27日丹江口市人民法院对武当山遇真宫失火案作出一审判决，对租用遇真宫的陈逵文化武术影视学校的周×波、杨×林用电不当导致电灯烤燃其他物品而引发火灾事故，以失火罪分别判处2人有期徒刑5年6个月和4年6个月。另外，对政府及国家机关相关工作人员给予了党纪、政纪处分。

二、独克宗古城“1·11”火灾事故责任追究

（一）火灾事故简介

2014年1月11日1时10分许，云南迪庆州香格里拉县独克宗古城仓房社区池廊硕8号“如意客栈”经营者唐×，在卧室内使用五面卤素取暖器不当，引燃可燃物引发火灾，如图2－2所示。火灾造成烧损、拆除房屋面积达59980.66m²，直接损失达8983.93万元。

（二）火灾原因分析

1. 火灾直接原因。火灾事故直接原因认定为2014年1月11日1时10分许，

唐×在卧室内使用五面卤素取暖器不当，入睡前未关闭电源，五面卤素取暖器引燃可燃物引发火灾。

2. 火灾间接原因。2012 年 6 月新建成的“独克宗古城消防系统改造工程”消火栓未正常出水，自备消防车用水不能满足救火需要，导致火势蔓延扩大。

图 2－2 香格里拉独克宗古城火灾

（三）存在的消防违法行为和火灾隐患

1. “独克宗古城消防系统改造工程”设计单位，未严格按国家工程建设消防技术标准设计消火栓防冻措施，留下消火栓不能有效防止高原地区低温冰冻的先天缺陷。

2. “独克宗古城消防系统改造工程”施工单位，未严格按照设计要求埋深敷设管线，部分消火栓管顶覆土深度未达到要求，更加降低防冻标准，不能有效防止低温冰冻。

3. “独克宗古城消防系统改造工程”监理单位，虽发现施工中存在未严格按照设计要求埋深敷设管线的问题，但仅向施工单位发出监理工程师通知单，未严格把关，进行跟踪督促整改。

4. 建设单位未依法向公安消防部门申请“独克宗古城消防系统改造工程”设计备案。另外，建设单位为解决消火栓冰冻问题，自行采用支墩和保温材料进行了补充改造，但因直管穿越冻土层未进行保温处理，支敦改造中又堵塞了消火栓的泄水孔，不仅未起到防冻作用，反而埋下了消火栓低温冻结的隐患，在冬季低温冰冻气象条件作用下，导致不能正常供水。

5. 独克宗古城内通道狭小，纵深距离长，大型消防车辆无法进入或通行，古城内建筑物多为木质，耐火等级低，大量酒吧、客栈、餐厅使用柴油、液化气等易燃易爆物品。市政消防给水管网压力不足，且在扑救火灾时，未能及时联动，提供加压保障。

（四）火灾事故责任追究

这起火灾事故对负责经营独克宗古城仓房社区池廊硕8号“如意客栈”老板唐×因涉嫌犯失火罪以及对昆明市五华区勘测设计院和迪庆鑫亚达工程安装有限责任公司涉嫌犯消防责任事故罪的相关人员进行了刑事责任追究，对10名政府及国家机关工作人员给予了党纪、政纪处分。

三、哈尔滨北龙汤泉休闲酒店“8·25”火灾事故责任追究

（一）火灾事故简介

2018年8月25日4时12分许，黑龙江哈尔滨市松北区太阳岛风景区平原街18号北龙汤泉休闲酒店发生火灾，过火面积约400m²，造成20人死亡，23人受伤，直接经济损失达2504.8万元，火灾现场如图2－3所示。

图2－3　北龙汤泉休闲酒店火灾

（二）火灾成因分析

起火部位为北龙汤泉休闲酒店有限公司二期温泉区二层平台靠近西墙北侧顶棚悬挂的风机盘管机组处，起火原因是风机盘管机组电气线路短路形成高温电弧，引燃周围塑料绿植装饰材料并蔓延成灾。调查认定，这起重大火灾事故是一起责任事故。

（三）存在的消防安全问题

1. 北龙汤泉酒店后期改扩建工程，未取得相关审批手续，未将消防设计报消防部门审核。疏散通道混乱，各功能区间未设置有效防火分隔，大量使用易燃可燃材料进行装饰装修，电路敷设和电气设备选型不符合规范要求，电气线路没有穿管保护，在起火过程中电气线路发生多次短路，设置的短路保护装置未有效启动。

2. 改扩建建筑内设有火灾自动报警系统、室内外消火栓系统、湿式自动喷水灭火系统、消防水池及稳压设备等，由于日常检修维护不到位，事发时整个消防系统不能正常启动，处于瘫痪状态。火灾发生前一日，北龙汤泉酒店三层客房领班张×使用灭火器箱挡住E区三层常闭式防火门，使其始终处于敞开状态。起火后，

塑料绿植装饰材料燃烧产生的大量含有二氯乙烷、丙烯酸甲酯、苯系物等有毒有害物质的浓烟，迅速通过敞开的防火门进入E区三层客房走廊，短时间内充满整个走廊并渗入房间，封死逃生路线，导致楼内大量人员被有毒有害气体侵袭，很快中毒眩晕并丧失逃生能力和机会。

3. 北龙汤泉酒店消防安全主体责任不落实，酒店自开始建设直至投入使用，始终存在违法违规行为，消防安全管理极为混乱，最终导致事故发生。其问题包括：消防安全责任和制度不落实；未制订应急预案和开展应急演练，未对员工进行消防安全教育培训；消防设施管理不到位，消防管网无压力水、自动灭火系统瘫痪；未及时整改火灾隐患，未定期对消防设施进行检测、维护、保养；酒店违法建筑结构不符合消防安全要求。

(四) 火灾事故责任追究

调查报告对事故有关责任单位和责任人员的处理建议提出，追究酒店控制人李×滨等20人刑事责任。其中，北龙汤泉酒店6人、燕达宾馆1人、哈尔滨市公安局松北分局4人、哈尔滨市松北区城市管理和行政综合执法局1人、哈尔滨市松北区编制委员会1人、哈尔滨市消防支队松北区大队5人、太阳岛风景区资产经营有限公司1人、哈尔滨市太阳岛风景区管理局1人。

四、海宁市"2·15"火灾事故责任追究

(一) 火灾事故简介

2004年2月15日14时10分许，浙江省海宁市黄湾镇五丰村一座村民自发搭建的草棚发生火灾，由于其内多为年老体弱、行动不便的妇女，在逃离过程中随即有人跌倒，于是逃生人员集聚在门口将支撑草棚的毛竹压倒，草棚随之倒塌，并迅速燃烧，大多数人来不及逃出门外，被烧死或窒息而死，在草棚内从事烧香求签迷信活动的60余人中，40人死亡。

(二) 火灾事故责任追究

浙江省委、省政府同意海宁市市长张×贵引咎辞职，给予海宁市市委书记冯×华党内警告处分，海宁市委、市政府对黄湾镇、五丰村的相关责任人作出严肃处理。

海宁市人民法院以失火罪分别判处被告人陈×良有期徒刑6年、周×珍有期徒刑6年、卢×宝有期徒刑6年、卢×英有期徒刑5年零9个月。

五、印度教寺庙"4·10"火灾事故责任追究

(一) 火灾事故简介

2016年4月10日，印度西南喀拉拉邦（Kerala）一印度教寺庙（Puttingal Temple）大批教徒正在举行一年一度的以燃放烟花爆竹为特色的宗教庆祝活动，当时寺庙内聚集有1万名至1.5万名信徒，其中很多是妇女和儿童。3时30分左右，

一些被点燃的烟花爆竹掉落至寺庙内非法烟花储存室发生火灾爆炸，随后整个寺庙陷入一片火海，浓烟滚滚。事故造成至少 114 人死亡，390 人受伤，寺庙部分建筑倒坍，如图 2－4 所示。

图 2－4　印度西南喀拉拉邦（Kerala）一印度教寺庙火灾

（二）火灾成因分析

据调查显示，该起大火是由于寺庙管理人员在未获得烟花燃放许可的情况下擅自燃放烟火，导致烟花爆竹掉落至寺庙内非法烟花储存室发生火灾爆炸事故。

（三）存在的消防违法行为和火灾隐患

1. 未获许可擅自燃放。寺庙管理人员违反了印度喀拉拉邦地区关于暂停举办烟花秀的命令和印度最高法院对 22 时后禁止燃放烟花的决议，在未获得烟火燃放许可的情况下擅自燃放。

2. 违规储存。一是储存量巨大。此次烟花燃放预计持续 4h，表明现场烟花储存量之多足以产生强大的破坏力。人们需要在如此长的时间内燃放烟花，本身就可能危害人身安全，增加事故可能性。二是烟花储存点位置和储存室建筑不符合规定，导致烟花被点燃后，建筑内空气急剧膨胀，发生爆炸，燃烧的水泥碎片像火球一样四处乱飞，正是这些水泥碎片导致了此次事故重大的生命与财产损失。三是燃放位置违规。烟花爆竹负责人没有在燃放点与人群聚集地之间设置缓冲区。过量烟花储存在非法地点，同时又未设置燃放缓冲区和安全距离，这对聚集人群来说，皆为隐患。寺庙管理人员似乎很“宽容”，人们之前违规燃放，没有出现事故，信徒、寺庙方与当地管理部门皆大欢喜，于是人们继续违反法律，而印度当局更无动于衷，置之不理，如此反复，直到最后出现事故。

（四）火灾事故责任追究

据《印度斯坦时报》报道，在喀拉拉邦重大寺庙火灾事故中遭通缉的 5 名涉案人员向警方自首，他们将面临蓄意谋杀或过失杀人罪的指控，这些人被正式批捕。警方对寺庙负责人和 2 名管理人员做了笔录，并以“违反易燃易爆物许可”立案展开调查。如果蓄意谋杀或过失杀人罪名成立，他们将被判处终身监禁。

思考题

1. 消防安全重点单位的消防安全职责有哪些？

2. 消防安全责任人与消防安全管理人的职责是什么？如何理解两者的关系？

3. 消防控制室值班员的职责有哪些?

4. 消防法律责任有哪几种形式?

5. 单位有哪些不履行消防安全职责的行为，要责令改正，处5000元以上5万元以下罚款?

6. 消防违法行为构成犯罪的要追究刑事责任，可能的罪行有哪几种?

第三章　旅游与宗教活动场所火灾预防

火灾的发生、发展有其规律性，是可防可控的。旅游与宗教活动场所具备合理的消防总体布局、可靠的建筑防火防雷设计、必需的装修装饰防火、完善的消防设施设备配置等消防安全技术措施，是预防火灾的基本保证。

第一节　建筑防火技术措施

建筑防火技术措施是旅游与宗教活动场所中各类建筑共性问题，是确保建筑消防安全的前提，应满足《建筑设计防火规范》的要求。

一、建筑总平面布局消防要求

（一）建筑平面布置

1. 会议厅、多功能厅等人员密集场所，宜布置在首层、二层或三层。

2. 歌舞厅、录像厅、夜总会、卡拉 OK 厅、游艺厅、桑拿浴室（不包括洗浴部分）、网吧等场所，不应布置在地下二层及以下楼层，宜布置在一、二级耐火等级建筑内的首层、二层或三层的靠外墙部位。与其他房间，应采用耐火极限不低于 2. 0h 的防火隔墙和 1. 0h 的不燃性楼板分隔，门应采用乙级防火门。

3. 消防控制室、消防水泵房设在交通方便和发生火灾后不易延烧的部位，符合耐火极限的要求。消防控制室，宜设置在建筑内首层或地下一层，并宜布置在靠外墙部位；不应设置在电磁场干扰较强及其他可能影响设备正常工作的房间附近；疏散门应直通室外或安全出口。

4. 燃油或燃气锅炉、油浸变压器、充有可燃油的高压电容器和多油开关等，宜设置在建筑外的专用房间内。

5. 使用可燃气体燃料时，应符合相关规范的要求。

（二）建筑之间的防火间距

建筑之间的防火间距是确保建筑物着火后，不致蔓延到相邻建筑物，同时还具有为灭火救援、建筑内人员和物质的紧急疏散提供场地的作用。民用建筑的防火间距不应小于表 3 – 1 中的要求。当建筑外墙为防火墙时，其防火间距可不限。而对于寺庙等文物建筑来说，建筑紧密相连，基本没有防火分隔设施，防火间距难以满足，一旦发生火灾，很容易造成“火烧连营”的情况。针对这种先天不足的状况，要积极应对，加强消防安全管理工作，严格控制火源，弥补建筑防火的硬件不足。

表3－1　民用建筑之间的防火间距（m）

建筑类别		高层民用建筑	裙房和其他民用建筑		
		一、二级	一、二级	三级	四级
高层民用建筑	一、二级	13	9	11	14
裙房和其他民用建筑	一、二级	9	6	7	9
	三级	11	7	8	10
	四级	14	9	10	12

（三）消防车道

消防车道是供消防车灭火时通行的道路，必须满足一定的要求。

1. 尽量采用环形消防车道，确有困难时，可沿建筑的两个长边设置消防车道。

2. 有封闭内院或天井的建筑物，当其短边长度大于24m时，宜设置进入内院或天井的消防车道；建筑沿街时，应设置连通街道和内院的人行通道，其间距不宜大于80m。

3. 在穿过建筑物或进入建筑物内院的消防车道两侧，不应有影响消防车通行或人员安全疏散的设施。

4. 消防车道的净宽度和净空高度均不应小于4m，转弯半径应满足消防车转弯的要求，消防车道与建筑之间不应有妨碍消防车操作的树木、架空管线等障碍物，消防车道靠建筑外墙一侧的边缘距离建筑外墙不宜小于5m，消防车道的坡度不宜大于8%。

5. 环形消防车道至少应有两处与其他车道连通。尽头式消防车道应设置回车道或回车场，回车场的面积不应小于12m×12m；若为高层建筑，不宜小于15m×15m；供重型消防车使用时，不宜小于18m×18m。

6. 消防车道的路面、救援操作场地、消防车道和救援操作场地下面的管道和暗沟等，应能承受重型消防车的压力。

对于宗教活动场所，在这方面有着“先天不足”，增加了本身的火灾危险性，单位就要结合实际，采取切实可行的补救措施，保证消防队灭火时的通畅、便利，保证旅游、宗教活动场所的任何部位一旦发生火灾，有必要的灭火力量能够到达。

（四）救援场地

救援场地，是指在建筑主体一侧设置的与消防车道相连，供消防车停靠并进行灭火救援的作业场地。救援场地应符合下列要求：

1. 应至少沿一个长边或周边长度的1/4且不小于一个长边长度的底边连续布

置消防车登高操作场地，该范围内的裙房进深不应大于4m。连续布置消防车登高操作场地确有困难时，可间隔布置，但间隔距离不宜大于30m，且应保证消防车登高操作场地的总长度要求。

2. 救援场地与建筑之间不应有妨碍消防车操作的树木、架空管线等障碍物和车库出入口。

3. 救援场地的长度和宽度分别不应小于15m和8m。当建筑高度大于50m时，救援场地的长度和宽度均不应小于15m。

4. 救援场地及其下面的建筑结构、管道和暗沟等，应能承受重型消防车的压力。

5. 救援场地应与消防车道连通，场地靠建筑外墙一侧的边缘，距离建筑外墙不宜小于5m，且不应大于10m，场地的坡度不宜大于3%。

6. 建筑物与消防车登高操作场地相对应的范围内，应设置直通室外的楼梯或直通楼梯间的入口。

7. 建筑外墙应在每层的适当位置设置可供消防救援人员进入的窗口，窗口的净高度和净宽度分别不应小于0.8m和1.0m，下沿距室内地面不宜大于1.2m，间距不宜大于20m且每个防火分区不应少于2个，设置位置应与消防车登高操作场地相对应。

二、建筑耐火等级

耐火极限，是指在标准耐火试验条件下，建筑构件、配件或结构，从受到火的作用时起，到失去承载能力、完整性或隔热性时止所用时间。耐火等级对建筑消防安全有着较大影响，耐火等级高的建筑物，发生火灾的概率低，可有效防止火灾时建筑烧坏、倒塌，并为消防员扑救火灾、火灾后的修复创造有利条件。建筑耐火等级是由组成建筑物的墙、柱、楼板、屋顶承重构件和吊顶等主要构件的燃烧性能和耐火极限决定的。建筑构件的耐火性能是以楼板的耐火极限为基准，再根据其他构件在建筑物中的重要性以及耐火性能可能的目标值调整后确定的。耐火等级分为一、二、三、四级，不同耐火等级建筑相应构件的燃烧性能和耐火极限不应低于表3－2中的规定。

表 3－2　不同耐火等级建筑相应构件的燃烧性能和耐火极限（h）

构件名称		耐火等级			
		一级	二级	三级	四级
墙	防火墙	不燃性 3.00	不燃性 3.00	不燃性 3.00	不燃性 3.00
	承重墙	不燃性 3.00	不燃性 2.50	不燃性 2.00	难燃性 0.50
	非承重外墙	不燃性 1.00	不燃性 1.00	不燃性 0.50	可燃性
	楼梯间、前室的墙，电梯井的墙 住宅建筑单元之间的墙和分户墙	不燃性 2.00	不燃性 2.00	不燃性 1.50	难燃性 0.50
	疏散走道两侧的隔墙	不燃性 1.00	不燃性 1.00	不燃性 0.50	难燃性 0.25
	房间隔墙	不燃性 0.75	不燃性 0.50	难燃性 0.50	难燃性 0.25
柱		不燃性 3.00	不燃性 2.50	不燃性 2.00	难燃性 0.50
梁		不燃性 2.00	不燃性 1.50	不燃性 1.00	难燃性 0.50
楼板		不燃性 1.50	不燃性 1.00	不燃性 0.75	可燃性
屋顶承重构件		不燃性 1.50	不燃性 1.00	难燃性 0.50	可燃性
疏散楼梯		不燃性 1.50	不燃性 1.00	不燃性 0.50	可燃性
吊顶（包括吊项搁栅）		不燃性 0.25	难燃性 0.25	难燃性 0.15	可燃性

基于旅游、宗教活动场所火灾的教训，考虑到文物建筑的结构特点，对其消防保护技术首先从建筑主体建筑材料阻燃技术开始。例如，对木材的阻燃处理，是通过用化学方法提高木材抗燃性的加工处理技术，使其不易燃烧、被点燃时火焰不沿其表面延烧或燃烧速度变慢，脱离外火源后自熄、不续燃。具体方法有表面涂覆和浸渍处理。

三、防火分区

(一)防火分区的概念

建筑局部发生火灾后，火焰及高温烟气便会以火焰直接接触、烟气对流、高温辐射和热传导等方式，从楼板和墙壁的烧损处、门窗洞口、楼梯间等敞开贯通部位向其他空间蔓延扩大，最后使整座建筑卷入火灾，因此要采取防火分区。防火分区通过防火墙、楼板及其他防火分隔设施分隔而成，能在一定时间内防止火灾向同一建筑的其余部分蔓延，同时还可为人员安全疏散、消防扑救提供有利条件。

(二)常用的防火分隔设施

1. 防火墙，是指防止火灾蔓延至相邻建筑或相邻水平防火分区且耐火极限不低于3.00h的不燃性墙体。

2. 防火门，是指具有防火、隔烟的特定功能，能在一定时间内起到阻止或延缓火灾蔓延的作用，并确保人员安全疏散和利于消防扑救的门（如图3－1所示）。防火门有隔热型（A类）、部分隔热型（B类）、非隔热型（C类），其中A类防火门分A3.00、A2.00、A1.50（甲级）、A1.00（乙级）、A0.50（丙级）5级，耐火隔热性与耐火完整性分别大于等于3.00h、2.00h、1.50h、1.00h、0.50h。防火门应符合一定的基本要求。

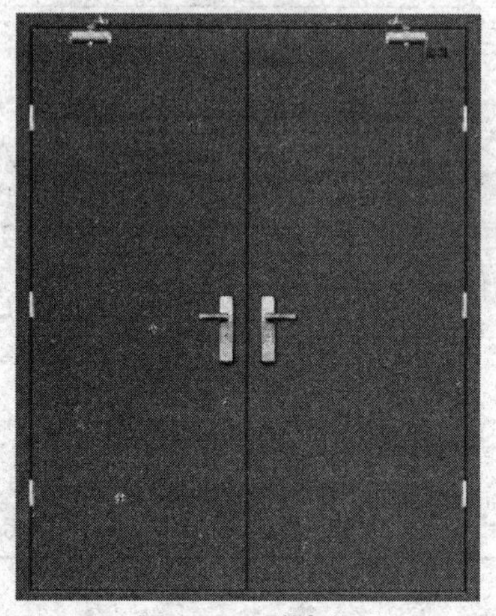

图3－1　防火门

(1) 木质防火门表面净光，不得有刨痕、毛刺和锤印；钢质防火门外观应平整、光洁、无明显凹痕或机械损伤，焊接牢固、焊点分布均匀。

(2) 经常有人通行处设置的常开防火门能在火灾时自行关闭，并有信号反馈。

(3) 常闭防火门在明显位置处设置的“保持防火门关闭”提示标识清晰。

(4) 双扇防火门按顺序自行关闭的功能正常。

(5) 疏散门和设置门禁系统的建筑外门，在不使用钥匙等任何工具时即能从内部易于打开，并应在显著位置设置具有使用提示的标识。

（6）疏散通道上各防火门的开启、关闭及故障状态信号能够反馈至防火门监控器。

（7）防火门标牌清晰，标明产品名称、型号、规格、耐火性能及商标、生产单位（制造商）名称和厂址、出厂日期及产品生产批号、执行标准等。

（8）防火锁、闭门器、顺序器等防火五金件能够正常使用。

3. 防火卷帘。它是一种平时卷放在门、窗、洞口上方或侧面的转轴箱内，火灾时将其放下展开，用以阻止火势从门、窗、洞口蔓延的活动式防火分隔物，如图3－2所示。

图3－2　防火卷帘

（1）防火卷帘所有紧固件应紧牢，不应有松动现象。金属零部件表面不应有裂纹、压坑及明显的凹凸、锤痕、毛刺、孔洞等缺陷。其表面应做防锈处理，涂层、镀层应均匀，不得有斑剥、流淌现象。

（2）钢质防火卷帘相邻帘板串接后应转动灵活，摆动90°不允许脱落，相邻帘板窜动量不应大于2mm。

（3）防火卷帘传动机构、轴承、链条表面应无锈蚀，按要求加适量润滑剂。导轨的滑动面应光滑、平直。帘面、滚轮在导轨内运行时应平稳顺畅，不应有碰撞和冲击现象。

（4）安装在疏散通道处的防火卷帘应具有两步关闭性能。即控制箱接收到报警信号后，控制防火卷帘自动关闭至中位处停止，延时5～60s后继续关闭至全闭；或控制箱接第一次报警信号后，控制防火卷帘自动关闭至中位处停止，接第二次报警信号后继续关闭至全闭。

（5）防火卷帘控制器自动控制功能检查。疏散通道上的防火卷帘，控制器接到感烟火灾探测器的报警信号后，控制防火卷帘自动关闭至1.8m处停止，接到感温火灾探测器的报警信号后，继续关闭至全闭；其他部位的防火卷帘，接到感烟火灾探测器的报警信号后自动关闭至全闭；防火卷帘半降、全降的动作状态信号应反馈到消防控制室。

（6）防火卷帘手动控制功能检查。手动操作防火卷帘控制器上的按钮和手动按钮盒上的按钮，可控制防火卷帘的上升、下降、停止。

（7）检查外观。帘面、箱体（包厢）、启动按钮、拉链、温控释放装置等组件应齐全完好，卷帘下部应无妨碍启闭的物品，卷帘两侧 0.5m 范围内不得有可燃物。

4. 消防水幕。由喷头、报警阀组、管道等组成，用于挡烟阻火和冷却分隔物。防火分隔水幕系统利用密集喷洒形成的水墙或多层水帘，封堵防火分区处的孔洞，阻挡火灾和烟气的蔓延，适用于不能设置防火墙、防火卷帘的局部防火分隔处。防护冷却水幕系统则利用喷水在物体表面形成的水膜，控制防火分隔物的温度，使其完整性和隔热性免遭火灾破坏。

四、防烟分区

（一）防烟分区的概念

从烟气的危害及扩散规律，人们清楚地认识到，火灾时首要任务是把火场上产生的高温烟气控制在一定的区域范围之内，并迅速排出室外，这就是设定的防烟分区。防烟分区采用挡烟设施分隔而成，能在一定时间内防止火灾烟气向同一建筑的其余部分蔓延。防火分区的构件可作为防烟分区的边界，而挡烟垂壁等防烟分隔设施不能作为防火分区的分隔设施，所以，防烟分区不能跨越防火分区。

（二）常用的挡烟设施

1. 挡烟垂壁。挡烟垂壁能够在防烟分区的顶部形成用于火灾时蓄积热烟气的局部空间（称为储烟仓），用不燃材料制成，垂直安装在建筑顶棚、横梁或吊顶下，有效高度不小于500mm，可为固定式或活动式，如图 3－3 所示。挡烟垂壁用于阻止烟气沿水平方向流动。挡烟垂壁要符合下列要求：

图 3－3　挡烟垂壁

（1）标牌应牢固，标识应清楚。

（2）挡烟垂壁金属零部件表面不允许有裂纹、压坑及明显的凹凸、锤痕、毛刺、孔洞等缺陷，其表面必须做防锈处理，涂层、镀层应均匀，不得有斑剥、流淌现象。

（3）卷帘式挡烟垂壁的挡烟部分不允许有撕裂、缺角、挖补、破洞、倾斜、跳线、断线、经纬纱密度明显不均及色差等缺陷，其表面应平直、整洁、美观。

（4）挡烟垂壁边沿与建筑物结构表面应保持最小距离，此距离不应大于20mm。

（5）挡烟垂壁接收到消防控制中心的控制信号时，应能下降至挡烟工作位置。

（6）系统断电时，挡烟垂壁能自动下降至挡烟工作位置。

2. 挡烟隔墙及挡烟梁。从挡烟效果看，挡烟隔墙优于挡烟垂壁，在安全区域宜采用挡烟隔墙。建筑内的挡烟隔墙应砌至梁板底部，且不宜留有缝隙。

有条件的建筑物，可利用钢筋混凝土梁或钢梁进行挡烟。若梁的下垂高度小于500mm，可在梁底增加适当高度的挡烟垂壁，以保证挡烟效果，如图3－4所示。

图3－4　梁下增设挡烟垂壁

五、疏散与避难设施

（一）疏散路线基本要求

1. 疏散路线要简捷明了，便于寻找、辨别。安全疏散指示图标明的疏散路线、安全出口、人员所在位置和文字说明清晰易懂。

2. 疏散路线一般可分为四个阶段：第一阶段是从着火房间内到房间门口；第二阶段是公共走道中的疏散；第三阶段是在楼梯间内的疏散；第四阶段为出楼梯间到室外等安全区域的疏散。这四个阶段步步走向安全，以保证不出现“逆流”。疏散路线的尽端必须是安全区域。

3. 人们在紧急情况下，习惯走平常熟悉的路线，在布置疏散楼梯的位置时，将其靠近经常使用的电梯间，使经常使用的路线与火灾时紧急使用的路线有机地结合起来，有利于迅速而安全地疏散人员。

4. 疏散走道避免布置成“S”形或“U”形，也不要有变化宽度的平面，走道上方不能有妨碍安全疏散的突出物，地面不能有突然改变标高的踏步，应避免布置袋形走道。

（二）疏散走道与避难走道

1. 疏散走道。疏散走道是建筑内人员从火灾现场逃往安全场所的通道，保证逃离火场的人员进入走道后，能顺利地继续通行至安全地带。

（1）按规定设置疏散指示标志和诱导灯。

（2）在1.8m高度内不宜设置管道、门垛等突出物，走道中的门应向疏散方向开启。

（3）保证必要的走道宽度，具体应符合技术规范的要求。

（4）疏散走道在防火分区处应设置常开甲级防火门。

2. 避难走道。设有防烟设施且两侧采用防火墙分隔，使人员安全通行至室外的安全通道。

（1）避难走道楼板的耐火极限不应低于1.50h。

（2）避难走道直通地面的出口不应少于2个，并应设置在不同方向；当走道仅与一个防火分区相通且该防火分区至少有1个直通室外的安全出口时，可设置1个直通地面的出口。

（3）避难走道内部装修材料的燃烧性能应为A级。

（4）避难走道内应设置消火栓、消防应急照明、应急广播和消防专线电话。

（三）疏散楼梯与疏散楼梯间

1. 疏散楼梯。

（1）疏散楼梯宜设置在标准层（或防火分区）的两端，以提供两个不同方向的疏散路线。

（2）疏散楼梯宜靠外墙设置。这种布置方式有利于采用带开敞前室的疏散楼梯间，同时，也便于自然采光、通风和进行火灾的扑救。

（3）疏散楼梯应保持上下畅通。高层建筑的疏散楼梯宜通至平屋顶，以便当向下疏散的路径发生堵塞或被烟气切断时，人员能上到屋顶暂时避难，等待救援。

（4）应避免不同的人流路线相互交叉。高层部分的疏散楼梯不应和低层公共部分（指裙房）的交通大厅、楼梯间、自动扶梯混杂交叉，以免紧急疏散时发生冲突引起堵塞。

2. 疏散楼梯间。

（1）楼梯间应能天然采光和自然通风，并宜靠外墙设置。靠外墙设置时，楼梯间及合用前室的窗口与两侧门、窗洞口最近边缘之间的水平距离不应小于1.0m。

（2）楼梯间内不应设置烧水间、可燃材料储藏室。

（3）楼梯间不应设置卷帘。

（4）楼梯间内不应有影响疏散的凸出物或其他障碍物。

（5）楼梯间内不应敷设或穿越甲、乙、丙类液体的管道。

（6）除通向避难层错位的疏散楼梯外，疏散楼梯间在各层的平面位置不应改变。

（四）疏散门与安全出口

1. 疏散门。疏散门是直接通向疏散走道的房间门、直接开向疏散楼梯间的门（如住宅的户门）或室外的门，不包括套间内的隔间门或住宅套内的房间门。

（1）疏散门应向疏散方向开启。

（2）疏散门应采用平开门，不应采用推拉门、卷帘门、吊门、转门和折叠门。

（3）当门开启时，门扇不应影响人员的紧急疏散。

（4）安全出口的门应设置在火灾时能从内部易于开启门的装置，入场门、疏散出口不应设置门槛，从门扇开启90°的门边处向外1.4m范围内不应有踏步，疏散门应为推闩式外开门。窗口、阳台等部位不应设置影响逃生和灭火救援的栅栏。

2. 安全出口。供人员安全疏散用的楼梯间、室外楼梯的出入口或直通室内外安全区域的出口。为了能够迅速安全地疏散人员，必须设置足够数量的安全出口。每座建筑或每个防火分区的安全出口数目不应少于2个，每个防火分区相邻2个安全出口或每个房间疏散出口最近边缘之间的水平距离不应小于5.0m。安全出口应分散布置，并应有明显标志。

（五）应急照明设施与疏散指示标志

1. 应急照明设施。消防应急照明灯具宜设置在墙面的上部、顶棚上或出口的顶部，其照度应符合：疏散走道的地面最低水平照度不应低于1.0lx，人员密集场所、避难层（间）内的地面最低水平照度不应低于3.0lx，楼梯间、前室或合用前室、避难走道的地面最低水平照度不应低于5.0lx，消防控制室、消防水泵房、自备发电机房、配电室、防烟与排烟机房等，火灾时仍应保证正常照明的照度。

2. 疏散指示标志。疏散指示标志以显眼的文字、鲜明的箭头标记指明疏散方向，引导疏散。安全出口和疏散门的正上方应采用“安全出口”作为指示标识。疏散走道设置的灯光疏散指示标志，应设置在疏散走道及其转角处距地面高度1.0m以下的墙面上，且间距不应大于20.0m，对于袋形走道，间距不应大于10.0m，在走道转角区，间距不应大于1.0m。

六、建筑电气防火

（一）电气线路防火

电气线路火灾主要是由于自身在运行过程中出现的短路、过载、接触电阻过大以及漏电等故障产生电弧、电火花或电线、电缆过热，引燃电线、电缆及其周围的可燃物而引发的火灾，电气线路的防火措施主要应从电线电缆的选择、线路的敷设及连接、在线路上采取保护措施等方面入手。

1. 电线电缆的选择。根据使用场所的潮湿、化学腐蚀、高温等环境因素及额定电压要求，选择适宜的电线电缆，固定敷设的供电线路宜选用铜芯线缆。电线电缆成束敷设时，应采用阻燃型电线电缆，并应符合有关要求。消防系统应选用耐火电线电缆，保证线路在火灾时仍能正常运行。

2. 电气线路的保护措施。应根据现场的实际情况合理选择线路的敷设方式，线路的敷设及连接环节要符合规定，并保证线路的施工质量。具体的保护措施要符合有关要求。

（1）短路保护。短路保护装置应保证在短路电流导体和连接件产生的热效应和机械力造成危害之前分断该短路电流。

（2）过负载保护。保护电器应在过负载电流引起的导体升温对导体的绝缘、接头、端子或导体周围的物质造成损害之前分断过负载电流。对于突然断电超过负载造成的损失更大的线路，如消防水泵之类的负荷，其过负载保护应作为报警信号，不应作为直接切断电路的触发信号。

（3）接地故障保护。当发生带电导体与外露可导电部分、装置外可导电部分、PE 线、PEN 线、大地等之间的接地故障时，保护电器必须切断该故障电路。

（二）用电设备防火

1. 照明器具防火。

（1）电器照明往往伴随着大量的热和高温，如果安装或使用不当，极易引发火灾事故。照明器具的防火主要应从灯具选型、安装、使用上采取相应的措施。灯具的选型既要满足使用功能和照明质量的要求，也要满足防火安全的要求。

（2）照明电压一般采用 220V；携带式照明灯具（俗称行灯）的供电电压不应超过 36V；如在金属容器内及特别潮湿场所内作业，行灯电压不得超过 12V，36V 以下照明供电变压器严禁使用自耦变压器。

（3）每一照明单相分支回路的电流不宜超过 16A，所接光源数不宜超过 25 个；连接建筑组合灯具时，回路电流不宜超过 25A，光源数不宜超过 60 个；连接高强度气体放电灯的单相分支回路的电流不应超过 30A。

（4）插座不宜和照明灯接在同一分支回路。

（5）明装吸顶灯具采用木制底台时，应在灯具与底台中间铺垫石板或石棉布。附带镇流器的各式荧光吸顶灯，应在灯具与可燃材料之间加垫瓷夹板隔热，禁止直接安装在可燃吊顶上。

（6）可燃吊顶上所有灯具的电源导线，均应穿钢管敷设。

2. 电气装置防火。

（1）开关应设在开关箱内，木质开关箱的内表面应覆以白铁皮，且应设在干燥处，不应安装在易燃、受震、潮湿、高温、多尘的场所。潮湿场所应选用拉线开关；在中性点接地的系统中，单极开关必须接在火线上，否则开关虽断，电气设备仍然带电，一旦火线接地，有发生接地短路引起火灾的危险。

（2）选用熔断器的熔丝时，熔丝的额定电流应与被保护的设备相适应，且不应大于熔断器、电表等的额定电流。一般应在电源进线、线路分支和导线截面改变的地方安装熔断器，尽量使每段线路都能得到可靠的保护。

(3) 继电器在选用时，除线圈电压、电流应满足要求外，还应考虑被控对象的延误时间、脱口电流倍数、触点个数等因素。继电器要安装在少震、少尘、干燥的场所，现场严禁有易燃、易爆物品存在。

(4) 接触器技术参数应符合实际使用要求，接触器一般应安装在干燥、少尘的控制箱内，其灭弧装置不能随意拆开，以免损坏。

(5) 启动器的火灾危险是由于分断电路时接触部位的电弧飞溅以及接触部位的接触电阻过大而产生的高温烧毁开关设备并引燃可燃物，因此启动器附近严禁有易燃、易爆物品存在。

(6) 漏电保护器的火灾危险，在于发生漏电事故后没有及时动作，不能迅速切断电源，而引起人身伤亡事故、设备损坏甚至火灾。应按使用要求及规定位置选择和安装，以免影响动作性能。

(7) 配电柜应固定安装在干燥清洁的地方，便于操作和确保安全。配电柜的金属支架和电气设备的金属外壳，必须进行保护接地或接零。

(三) 设置电气火灾监控系统

电气火灾监控系统能在电气线路、配电设备或用电设备发生电气故障并产生一定电气火灾隐患的条件下发出报警，提醒专业人员排除电气火灾隐患，实现电气火灾早期预防，避免电气火灾的发生，具有很强的电气防火预警功能。电气火灾监控系统工作框图如图 3 –5 所示。

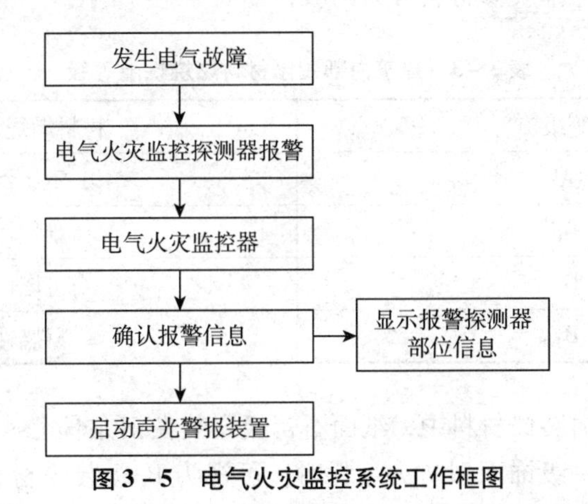

图 3 –5 电气火灾监控系统工作框图

七、建筑防雷

雷击引起的火灾事故并不少见，为了预防雷电的危害，必须安装防雷设备和采取其他防范措施。常见的防雷装置有：避雷针、避雷线、避雷网、避雷带、避雷器等，主要由接闪器、引下线和接地体三部分组成。

为了使防雷装置具有可靠的保护效果，不仅要有合理的设计和正确的施工，还要建立必要的维护、保养制度。

1. 应在每年雷雨季节前做定期检查，如有特殊情况，还要进行临时性的检查。

2. 检查由于维修建筑物或建筑物本身形状有变动，防雷装置的保护范围是否出现缺口。

3. 检查各处明装导体有无因锈蚀或机械损伤而折断的情况，如发现锈蚀在30%以上时，则必须及时更换。

4. 检查接闪器有无因雷击后而发生熔化或折断，避雷器瓷套有无裂纹、碰伤等情况，并应定期进行预防性试验。

5. 检查引下线在距地面2m至地下0.3m一段的保护处理有无被破坏情况。

6. 检查明装引下线有无在验收后又装设了交叉或平行电气线路。

7. 检查断接卡子有无接触不良情况。

8. 测量全部接地装置的接地电阻，如发现接地电阻值有很大变化时，应对接地系统进行全面检查，必要时可补打电极。

9. 检查有无基于各种原因而挖断接地装置。

八、装修防火

（一）建筑内部装修材料的分级

按照《建筑材料及制品燃烧性能分级》（GB 8624）的要求，根据装修材料的不同燃烧性能，将内部装修材料分为四级，如表3－3所示。

表3－3　建筑内部装修材料燃烧性能等级

等级	材料燃烧性能
A	不燃性
B_1	难燃性
B_2	可燃性
B_3	易燃性

在常用的建筑内装修材料中，纸面石膏板安装在钢龙骨上，可视为A级材料。胶合板当表面涂覆一级饰面型防火涂料时，可视为B_1级装修材料。单位重量小于300/m^2的纸质、布质壁纸，当直接粘贴在A级基材上时，可视为B_1级装修材料。

（二）建筑内部装修防火要求

建筑内部装修防火应妥善处理装修效果和使用安全的矛盾，积极采用不燃性材料和难燃性材料，尽量避免采用在燃烧时能产生大量浓烟和有毒气体的材料。应严格遵守《建筑内部装修设计防火规范》，以防患于未然。

1. 当顶棚或墙面表面局部采用多孔泡沫塑料时，其厚度不应大于15mm，面积不得超过该房间顶棚或墙面积的10%。

2. 建筑物设有上下层相连通的中庭、走廊、开敞楼梯、自动扶梯时，其连通部位的顶棚、墙面应采用A级装修材料，其他部位应采用不低于B_1级的装修材料。

3. 除地下建筑外，无窗房间的内部装修材料的燃烧性能等级，除A级外，应在原规定基础上提高一级。

4. 存放文物的房间，其顶棚、墙面应采用A级装修材料，地面应采用不低于B_1级的装修材料。

5. 消防水泵房、排烟机房、固定灭火系统钢瓶间、配电室、变压器室、通风和空调机房等，其内部所有装修均应采用A级装修材料。

6. 建筑内部的配电箱，不应直接安装在低于B_1级的装修材料上。

7. 照明灯具的高温部位，当靠近非A级装修材料时，应采取隔热、散热等防火保护措施。灯饰所用材料的燃烧性能等级不应低于B_1级。

8. 无自然采光的楼梯间、封闭楼梯间、防烟楼梯间的顶棚、墙面和地面均应采用A级装修材料。

9. 地上建筑的水平疏散走道和安全出口的门厅，其顶棚装饰材料应采用A级装修材料，其他部位应采用不低于B_1级的装修材料。

10. 建筑内部消火栓的门不应被装饰物遮掩，消火栓门四周的装修材料颜色应与消火栓门的颜色有明显区别。

11. 建筑内部装修不应遮挡消防设施和疏散指示标志及出口，并且不应妨碍消防设施和疏散走道的正常使用。

12. 挡烟垂壁的作用是在室内顶部阻挡烟气，提高防烟分区排烟口的排烟效果。为了确保挡烟垂壁在火灾时发挥作用，其应采用A级装修材料。

13. 建筑内部装修不应减少安全出口、疏散出口和疏散走道的设计所需的净宽度和数量。

14. 建筑各部位装修材料的燃烧性能等级，应符合表3－4的规定。设置有火灾自动报警系统、自动灭火系统时，可适当降低，具体要符合规范中的有关要求。

表3－4 建筑内部各部位装修材料的燃烧性能等级

建筑分类	建筑性质	装修材料燃烧性能等级							
		顶棚	墙面	地面	隔断	固定家具	装饰织物		其他装修材料
							窗帘	帷幕	
单、多层	国家级、省级	A	B_1	B_1	B_1	B_2	B_1		B_2
	省级以下	B_1	B_1	B_2	B_2	B_2	B_2		B_2
高层	一类建筑	A	B_1	B_1	B_1	B_2	B_1	B_1	B_1
	二类建筑	B_1	B_1	B_2	B_2	B_2	B_2	B_2	B_2

（三）建筑外部装修防火要求

1. 建筑外墙的装饰层应采用燃烧性能为 A 级的材料，但建筑高度不大于 50m 时，可采用 B_1 级材料。

2. 户外电致发光广告牌不应直接设置在有可燃、难燃材料的墙体上；户外广告牌的设置不应遮挡建筑的外窗，不应影响外部灭火救援行动。

第二节　文博场馆火灾预防

文博场馆是为藏品保管、陈列展览、文化教育及学术研究等专门设计修建的城市公共文化建筑，反映了一个城市的历史文化，是旅游活动的重要场所。文博场馆由于其结构、功能等的特殊性，具有特有的火灾特点：一是其装修较为复杂、室内物品易燃且存放量大，火势蔓延速度快、扑救难度大、易形成大面积火灾。例如，1978 年 2 月 22 日发生的圣地亚哥航空博物馆火灾，整个建筑及室内物品全部烧毁；1994 年 11 月 15 日发生的吉林市博物馆火灾，建筑面积 14600m^2 的大楼烧毁 6800m^2 和大量文物。二是文博场馆存放了大批珍贵的文物，一旦发生火灾，社会影响大，其损失是无法弥补的。例如，2001 年 12 月 29 日发生的秘鲁利马历史博物馆火灾，造成 80 人死亡，50 人受伤。2002 年 6 月 12 日发生的沙特阿拉伯最大的私人博物馆火灾，价值 2700 万美元的约 13500 件藏品化为灰烬。2003 年 9 月 16 日发生的英国国家摩托车博物馆火灾，导致 2 个主展厅倒塌，珍藏的 900 多辆摩托车有 650 辆毁于一旦。2018 年 9 月 2 日发生的巴西国家博物馆火灾，损毁的文物难以计数。

一、文博场馆的建筑防火

（一）建筑防火的技术措施

1. 防火间距。文博建筑与其他建筑之间应保证必需的防火间距。为确保防火间距的有效性，平时在建筑之间不能堆放可燃物，更不能搭建临时建筑。若文博场馆建筑不能满足防火间距的要求，要采取具有针对性的补救措施，如采用防火窗、设置移动（或固定）消防水幕等。

2. 消防车道。文博场馆符合高层民用建筑条件或占地面积大于 3000m^2，应设置环形消防车道，确有困难时，可沿建筑的两个长边设置消防车道。消防车道不得被占用，应通过建立管理制度、采取有效措施等，保证其始终畅通。

3. 救援场地。在消防救援场地周边划定标线，设置警示标志，提示严禁占用救援场地；及时劝阻、清理在消防救援场地内停车、私搭乱建、种植树木、架设电线电缆等占用、影响消防救援场地使用的行为或者建（构）筑物；遇有对消防救援场地下面的管道和暗沟等进行维修、改造、清理等施工作业时，应注意做好路基、路面的回填、夯实，以保证消防车道能承受消防车的通行和作业压力。

（二）防火分区与防烟分区的完整性要求

平时要注意保持建筑防火分区与防烟分区分隔设施的完整性和可靠性，确保其能够在发生火灾时发挥作用。特别是在建筑装修时，这些分隔设施不得随意改动。另外，若建筑使用性质有较大变动时，应复核相应防火分区和防烟分区，满足规范要求。

二、文博场馆火灾危险源控制

文博场馆的运营，不可避免地要用电、用火，为有效预防火灾的发生，应消除引火源，控制可燃物，避免燃烧条件同时存在并相互作用。

（一）用电管理

1. 应建立用电防火安全管理制度，并应明确下列内容：用电防火安全管理的责任部门和责任人；电气设备的采购要求；电气设备的安全使用要求；电气设备的检查内容和要求；电气设备操作人员的岗位资格及其职责要求。

2. 电器设备周围应与可燃物保持0.5m以上的间距。严禁将移动式插座、充电宝电池等放置在可燃物上或被可燃物覆盖，严禁串接、超负荷使用。

3. 消防安全重点部位禁止使用电热器具，确实要使用时，使用部门应制定安全管理措施，明确责任人并报消防安全管理人批准、备案后；电热炉、电熨斗、电热毯等电热设备使用期间应有人看护，使用后应及时切断电源；停电后应拔掉电源插头，关断通电设备。

4. 用电设备长时间不使用时，应采取将插头从电源插座上拔出等断电措施。

5. 对电气线路和用电设备应定期检查、检测，严禁超负荷运行。

6. 经营结束时，应切断场所的非必要电源。

（二）火源控制

1. 应建立用火、动火安全管理制度，明确用火、动火管理的责任部门和责任人，用火、动火的审批范围、程序和要求以及电气焊工的岗位资格及其职责要求等内容。

2. 在运营时间禁止进行电（气）焊动火施工。在非运营期间因施工、保养、修理等特殊情况需要进行电、气焊等明火作业的，动火部门和人员应当按照其用火管理制度办理动火审批手续，制订动火作业方案，疏散无关人员、清除易燃可燃物，配置灭火器材，落实现场监护人和安全措施，在确认无火灾、爆炸危险后方可动火施工。动火施工人员应当遵守消防安全规定，并落实相应的消防安全措施。作业完毕后，应清理作业现场，熄灭余火和飞溅的火星，并及时切断电源。

3. 室内严禁燃放各种焰火、烟花，不得进行以喷火为内容的表演。在演出、放映场所需要使用明火效果时，应落实相关的防火措施。

4. 各场馆禁止吸烟，不应使用明火照明或取暖。

5. 在运营期间和运营结束后，应指定专人进行消防安全检查，清除火种。

6. 严格易燃易爆危险品管理，明确易燃易爆危险品管理的责任部门和责任人。

7. 具有易燃易爆化学物品属性的空气清新剂、含有有机溶剂的化妆品、充有可燃液体的打火机等应远离火源、热源。

8. 不允许将古建筑文博场馆用于旅店、食堂、招待所或职工宿舍。不允许在古建筑文博场馆内设置生产、生活用火。

9. 文博场馆保护区的通道、出入口应保持畅通，不得堵塞和侵占，并符合《消防法》等法律、法规的要求。

第三节　公园及风景名胜区火灾预防

公园及风景名胜区是我国宝贵的旅游资源，如黄山、泰山、武陵源、九寨沟等风景区已被联合国教科文组织列为世界文化和自然遗产。由于在风景名胜区内存在着如游人野炊用火、上坟烧纸用火、烧荒用火等形形色色的火源，加之树木的枯枝、落叶及荒草、灌木丛布满风景名胜区的漫山遍野，一些风景名胜区位于雷暴区等，存在诸多火灾风险，稍有不慎，就会发生火灾。例如，国家级风景名胜区北戴河，每年夏天游客如云，但由于上坟烧纸和雷击，多次引起山林火灾，给联峰山及周围疗养区域构成很大威胁。因此，公园及风景名胜区内应根据本单位经营活动的特点，加强消防安全管理，预防火灾事故发生，确保安全经营。

一、火灾预防指导思想

应根据各景点及各林区的重要程度和火灾危险性大小，划分若干个不同的防火等级。在通常情况下，列为一级设防的景点和部位应采取多种先进可靠的技术手段和管理措施，以确保绝对安全；列为二级设防的景点和部位应加强消防管理，设置护林点，构筑消防车道，增加消防通信及灭火设备，力争做到不发生火灾；列为三级设防的景点和部位应加强消防管理，力争做到有火不成灾。

二、不同场所的火灾预防

（一）风景名胜区火灾预防

1. 在景区内设置消防站、护林点及瞭望台。

（1）消防站是保护景区消防安全的重要设施。凡属国家级风景名胜区均应设置消防站，消防站应配备适宜扑救山林火灾的消防车辆及器材装备。

（2）护林点是景区护林防火的前沿阵地。应布置在火灾事故多发区及地域偏僻区，并配备巡逻车、通信器材及灭火工具。

（3）瞭望台是监视景区火情的前哨。应设在风景名胜区的制高点，并避免出现监控盲区，应配备先进的林火监测仪器及通信器材装备，做到全方位、全天候监控。

2. 严格控制各种火源。为确保山林不发生火灾，在风景名胜区范围内，严禁狩猎、野外吸烟及烧荒垦田。风景名胜区内严禁埋设坟墓，现有坟墓应一律限期迁出。

3. 电气防火。在风景名胜区内安装电气设备必须经有关部门审批，并严格执行电器安全技术规程，凡不符合消防安全要求的，必须限期整改或拆除。

4. 安装避雷设施。在高大建筑物上及地势较高地带，应视具体情况安装避雷设施，并严格进行检测维护，保证完好无损。

（二）商业网点火灾预防

1. 商业网点特别是有明火作业的服务网点，应与主要游览区分开，按划定位置设立，以减少火灾隐患，确保安全。

2. 有明火作业的餐厅、小吃部等明火作业处应远离古建筑、古树。

3. 锅炉房内应配备专用消防器材及事故照明，不应存放易燃、可燃物品；燃气锅炉房应加装可燃气体报警控制器；工作人员下班应关闭燃气总闸、切断电源，确认安全后方可离开。

4. 商业网点的包装箱和包装纸等易燃物应每天清理，暂存地点应有专人看管，配备必要的消防器材。

5. 经常检查并及时检修电器设备、电气线路，避免出现电器设备和线路老化等现象。

6. 加强对餐厅及食堂的库房、液化气瓶储存间的安全检查，配备必要的消防器材，并及时清理烟道。

（三）林区火灾预防

1. 建立健全防火灭火体系。已开放旅游的森林地区，应建立防火体系，组织灭火队伍，储备充足的灭火物资，建设必要的防火设施，制定景区野外用火管理办法，严格措施。

2. 统筹规划。森林旅游区必须统筹规划，划定安全游览范围、旅游路线以及旅游生活区或宿营地点。供旅游者住宿、休息等的各类设施，应集中营建在适当地点，周围应开设防火线，必须清除周围一切森林可燃物，并配置适宜的森林灭火器具。

3. 设置警示标志。森林旅游区各旅游线和景点应有明显的标志和旅游路线图，设置明显的防火宣传标语，在交通要道口发放防火宣传卡，随时清除干净旅游路线附近的枯枝落叶、纸屑等易燃物。

4. 做好防火宣传教育工作。对进入林区旅游的人员，应通过各种形式做好宣传教育，除了设置鲜明夺目的防火标语、禁火标志、告示牌外，还应通过电视、电影、广播等媒体以及导游讲解森林防火规定等办法做好防火宣传。同时，景区门票上应印刷醒目的主要防火事项，旅店中也应有森林防火告示。

5. 严格控制和管理火源。

（1）建立入山管理制度、防火值日制度和生产生活用火管理制度等，落实防火责任，坚持做到“一保证”“七不用火”。即保证在进行计划烧除或开防火线等作用时不跑火，不经用火主管部门批准不用火、不开好防火线不用火、人员没有组织好不用火、无扑火工具不用火、三级风以上的天气不用火、用火指挥人员不在场不用火、火烧后没人看护不用火。

（2）在防火期内，严禁野外用火。

（3）加强对林区职工和居民的教育，养成上山不带火、不用火的习惯。

（4）加强对各种机动车辆的管理，特别是通过林区的各种机动车辆，应采取加戴防火罩和其他防火措施，严防喷火、漏火和机车闸瓦脱落等现象的发生，以免引起森林火灾。

（5）供游客露天宿营的地方，宜选择在有水源的小河附近。营地周围也应开设防火线，以免用火不慎引起森林火灾。游客在宿营地焚烧篝火时，须注意安全，篝火坑与宿营帐篷间应有一定的安全距离，烧篝火的干柴应堆放在距离篝火坑5m以外的地方。在林区用火后，人离开以前，必须用水或土将火彻底熄灭，确保安全后方可离开，以免留下火源。

6. 加强巡逻检查。

（1）景区森林防火指挥部与旅行社驻景点单位签订森林防火责任书。对进入重大景区的人员，实行进山实名登记制。

（2）防火巡护人员在巡逻时应严格检查入山人员是否持有入山许可证，严格控制非法入山人员，特别是盲目流动人口，必要时还可采用搜山的方式。巡逻时发现火情，应尽快地确定火的位置、种类、大小，及时报告森林防火指挥部，并迅速奔赴火场进行扑救。同时，随时报告火场的变化和林火的发展趋势。巡护员还应深入瞭望台观测不到的死角地区进行巡逻，以弥补瞭望台观测的不足。

（3）加强戒备，提高警惕，严防放火破坏。

三、消防设施与器材的设置

1. 应按照国家工程消防技术标准合理设置消防水源和相应的消防设施。

2. 灭火器配置应按《建筑灭火器配置设计规范》（GBJ 140）的有关规定执行。营业区域应按灭火器配置场所的危险等级配置相应灭火级别的灭火器。建筑物内灭火器材配置点的间距不大于20m。

3. 应按要求配备足够的消防器材，其质量应符合相关的国家、行业标准的要求。

4. 各主要景点及其配套工程均应修建消防车道，供消防车取水的天然水源、消防水池以及各护林点、瞭望台也应修筑消防车道。消防车道应满足相关的技术要求。

第四节　旅游食宿场所火灾预防

游客食宿场所有宾馆、饭店及农家乐（民宿），这些场所在给游客带来方便之时，也存在火灾隐患，一旦发生火灾，直接威胁到景区的安全。哈尔滨“8·25”北龙汤泉休闲酒店造成20人死亡，23人受伤的火灾，就是惨痛的教训。

一、主要场所的火灾预防

（一）客房火灾预防

客房是火灾高发部位，其发生火灾的主要原因有两类：一是烟头、火柴梗引燃沙发、被褥、废纸等可燃物引发火灾；二是电热器具引燃可燃物。客房火灾预防要点如下：

1. 客房内应有禁止卧床吸烟的标志、应急疏散指示图、客人须知等消防安全指南。

2. 禁止将易燃易爆物品带入客房，发现违规带入者，要专门储存，妥善保管。

3. 客房内所有装饰、装修材料应采用不燃材料或难燃材料，窗帘一类的丝、毛、麻、棉织品应经过阻燃处理。

3. 客房内除配置电视机、小型烧水壶、电吹风等固有电器外，严禁私自安装其他电器设备，尤其是电热设备。

4. 手机充电器不要放在床上充电。离开客房前取掉所有充电器、拔掉所有电源插头。

5. 客房服务员在整理客房时，应仔细检查电器设备的使用情况，烟灰缸内未熄灭的烟蒂不得倒入垃圾袋。整理好客房后要切断客房电源，发现火灾隐患应及时处置。

（二）厨房火灾预防

厨房包括有关的加工间、制作间、备餐间、库房及厨工服务用房等，常用到冷冻机、切菜机、烤箱、抽油烟机等多种厨房机电设备，极易发生漏电、短路引起火灾。厨房使用的燃料管线、灶具也可能因燃料泄漏引发事故。在烹饪过程中的煎、炸、炒的火灾危险性较大。因此，平时应从以下方面进行火灾预防：

1. 厨房敷设的燃料管线、配置的灶具必须符合相关规范规定。燃气管道及器具的安装、调试应由具有相关安装资质的单位、人员进行，不应私自拆除、改装、迁移、安装、遮挡或封闭燃气管道及器具。

2. 厨房内使用的厨房电器设备应按规程操作，不得过载运行。所有电器设备都要定期检查维修，防止电气火灾发生。

3. 油炸食品时，要限制锅内的食油，不超过锅容积的2/3，以防止食油溢出引发火灾。

4. 排油烟管不应暗设，并应直通厨房室外的排烟竖井。厨房排烟罩、灶具应每日擦拭一次，抽油烟机管道应至少每季度请专业公司清洗一次。定期检查燃气管道及器具，每年更换一次胶管。

5. 使用燃气时应有人看管，保持室内通风良好。

6. 工作结束后，应关闭所有燃料供给阀门，熄灭火源，切断除冷冻设备以外的一切电源。

（三）餐厅火灾预防

1. 餐桌布置应满足以下要求：仅就餐者通行时，桌边到桌边的净距不应小于1.35m，桌边到内墙面的净距不应小于0.90m；有服务员通行时，桌边到桌边的净距不应小于1.80m，桌边到内墙面的净距不应小于1.35m；有小车通行时，桌边到桌边的净距不应小于2.10m。

2. 服务员应熟知卡式便携炉酒精炉、电磁炉、瓶装石油液化气灶具的工作原理和操作程序。酒精炉宜使用固体酒精燃料，要慎用液体酒精炉。如果使用液态酒精，严禁在火焰未熄灭前添加酒精。要注意检查瓶装石油液化气灶具的阀门及供气软管，如有漏气、嗅到异味等异常现象，要立即关闭阀门，妥善处置。

3. 使用炭火的烧烤餐厅，应在每个火源上方设置排烟设施，使用木炭的火炉周围严禁采用可燃装修和堆放可燃物，使用后应立即熄灭，不得随意倾倒高温的木炭灰。

4. 慎用蜡烛，如餐厅内需要使用蜡烛，必须置于用不燃材料制作的固定基座内，并不得靠近可燃物。

5. 餐桌上应放置烟缸，以便客人扔放烟头和火柴梗。服务员收台时，留意不要将烟蒂、火柴梗卷入台布内。

（四）会议室（厅）火灾预防

1. 严禁吸烟和使用明火，严禁将易燃易爆物品带入室内。

2. 配光和照明用灯具表面的高温部位不得靠近可燃物，移动式的灯具应采用橡胶套电缆，插头和插座应保持接触良好。

3. 安全出口和疏散通道应保持畅通，会议期间安全出口不得上锁。

4. 会议结束后，及时进行清扫检查，消除遗留火种。

5. 人员全部离开后，应关闭一切电气设备，切断电源。

（五）洗衣房火灾预防

洗衣房常用设备有洗涤脱水机、干洗机、洗涤机、甩干机、烘干机、熨压机等，还存放有大量的床单、桌布和衣物等可燃物。在预防火灾方面应注意以下要点：

1. 洗衣房严禁超负荷使用电气设备，电气线路要按规定敷设，注意防潮。定期检查电气设备、电气线路、照明电器线路等，注意电气防火。

2. 洗衣房火灾预防应保持清洁整齐，妥善保管洗涤化学用品，严禁吸烟。

3. 机位前后不得存放与洗烫无关的杂物，密切留意设备的运行情况，发现情况立即停机及向主管报告。

4. 成品出机，待设备完全停止转动，指示灯熄灭后，开启机门。

（六）锅炉房火灾预防

1. 锅炉投运前应对锅炉本体、辅机、燃烧设备、控制与保护装置、管道系统以及锅炉水位表、压力表、安全阀等保护装置与连锁装置进行全面检查，以确保安全。

2. 锅炉点火前，应进行机械通风将炉膛及烟道内的可燃气体排出炉外，机械通风时间为5～10min；点火前应测试锅炉安全阀，发现问题应及时检修。

3. 在用锅炉应每年应进行一次外部检验，每2年进行一次内部检验，每6年进行一次水压试验；当内、外部检验同在一年内进行时，应首先进行内部检验，发现问题应及时检修。

4. 锅炉周围应保持整洁，不应堆放木材、棉纱等可燃物；室内应保持足够的照明和良好的通风。

5. 禁止在锅炉内焚烧废纸、废木材及废油毡等物品；禁止在运行或停备状态的油管道上进行焊接操作；不得在锅炉本体和蒸汽管道上烧烤物品。

6. 应每年检修一次动力线路和照明线路，明敷线路应穿金属管或封闭式金属线槽，且与锅炉和供热管道保持安全距离。

7. 对于燃油、燃气锅炉房，应定期检查供油供气管路和阀门的密封情况，并保持良好通风。设有可燃气体报警装置的锅炉房，应查看可燃气体报警装置的工作状态是否正常。

二、农家乐（民宿）火灾预防

农家乐（包括民宿，下同）是指位于镇（不包括城关镇）、乡、村庄的，利用村民自建住宅进行改造的，为消费者提供住宿、餐饮、休闲娱乐、小型零售等服务的场所。限定为经营用客房数量不超过14个标准间（或单间）、最高4层且建筑面积不超过800m^2的民宿，应符合《农家乐（民宿）建筑防火导则（试行）》。

（一）消防基础设施要求

1. 设有农家乐的村镇，其消防基础设施应与农村基础设施统一建设和管理。

2. 设有农家乐的村镇建设给水管网时，应配置消火栓。已有给水管网但未配置消火栓的地区，村镇改造时应统一配置室外消火栓。无给水管网的地区，村镇改造时应设置天然水源取水设施或消防水池，山区宜设置高位消防水池。消防水池的容量不宜小于144m^3，当村镇内的农家乐（民宿）柱、梁、楼板为可燃材料时，消防水池的容量不宜小于200m^3。

3. 砖木结构、木结构的农家乐连片分布的区域，应采取设置防火隔离带、设置防火分隔、开辟消防通道、提高建筑耐火等级、改造给水管网、增设消防水源等措施，改善消防安全条件、降低火灾风险。

（二）消防安全技术措施

1. 基本消防安全条件。

（1）不得采用金属夹心板材作为建筑材料。

（2）休闲娱乐区、具有娱乐功能的餐饮区总建筑面积不应大于500m²。

（3）位于同一建筑内的不同农家乐之间应采用不燃性实体墙进行分隔，能够独立疏散。

2. 消防设施及消防安全标志的设置要求。

（1）单栋建筑客房数量超过8间或同时用餐、休闲娱乐人数超过40人时，应设置简易自动喷水灭火系统；如给水管网压力不足但具备自来水管道时，应设置轻便消防水龙。

（2）应设置独立式感烟火灾探测报警器或火灾自动报警系统。

（3）每25m²应至少配备一具2kg灭火器，灭火器可采用水基型灭火器或ABC干粉灭火器，灭火器设置在各层的公共部位及首层出口处。

（4）每间客房均应按照住宿人数每人配备手电筒、逃生用口罩或消防自救呼吸器等设施，并应在明显部位张贴疏散示意图。

（5）安全出口、楼梯间、疏散走道应设置保持视觉连续的灯光疏散指示标志，楼梯间、疏散走道应设置应急照明灯。

（6）应当在可燃气体或液体储罐、可燃物堆放场地、停车场等场所，以及临近山林、草场的显著位置设置“禁止烟火”“禁止吸烟”“禁止放易燃物”“禁止带火种”“禁止燃放鞭炮”“当心火灾—易燃物”“当心爆炸—爆炸性物质”等警示标志。在消防设施设置场所、具有火灾危险性的区域应在显著位置设置相应消防安全警示标志或防火公约。

（三）火灾危险源控制

1. 不应在燃煤燃柴炉灶周围2m范围内堆放柴草等可燃物。严禁在卧室使用燃气灶具。砖木结构、木结构的农家乐建筑内严禁吸烟。

2. 农家乐的客房内不得使用明火加热、取暖。在其他场所使用明火加热、取暖，或使用明火照明、驱蚊时，应将火源放置在不燃材料的基座上，与周围可燃物确保安全距离。

3. 燃放烟花爆竹、烧烤、篝火，或有其他动用明火行为时，应设置单独区域，并应远离易燃易爆危险品存放地和柴草、饲草、农作物等可燃物堆放地，以及车辆停放区域。

4. 禁止在农家乐建筑周边30m范围内销售、存储、燃放烟花爆竹，并严格遵守当地关于禁止燃放烟花爆竹的相关规定。

5. 农家乐临近山区、林场、农场、牧场、风景名胜区时，禁止燃放孔明灯。

6. 严禁在地下室、客房、餐厅内存放和使用瓶装液化石油气。不宜在厨房内存储液化石油气；确需放置在厨房时，每个灶具配置不得超过1瓶，钢瓶与灶具之间的距离不应小于0.5m。存放和使用液化石油气钢瓶的房间应保持良好通风。

7. 严禁超量灌装、敲打、倒置、碰撞液化石油气钢瓶，严禁随意倾倒残液和私自灌气。

8. 严禁在客房内安装燃气热水器。

9. 严禁在客房、餐厅内存放汽油、煤油、柴油、酒精等易燃、可燃液体。

第五节　旅游设施及交通工具火灾预防

一、游乐设施火灾预防

预防游乐设施火灾，是旅游部门消防安全管理工作中不可忽视的内容。游乐设施火灾事故主要是由电气短路、设备过载、散热不良等因素引起的，也有可能是人为因素（如乱扔烟头等）引起的。

1. 游乐设备在安装时应预留消防通道，配备灭火器材并经常检查保证其有效可用。

2. 游乐设备在运营过程中应提高防火意识，条件许可的应做好日常安全记录。

3. 游乐设备在每天运营结束时应关闭所有电源开关，以免出现线路忽然短路发出火花引起火灾。

4. 室内娱乐场应设置在商场等的一层至三层，严禁设在地下或四层以上楼层。

5. 游乐园（场）应严格划分区域，可能发生火灾的设施、设备要严格管理。

6. 严格控制和消除着火源，如采取严禁烟火、接地避雷、隔离、控温等措施。

7. 娱乐设施所用各种材料必须为不燃、难燃材料或经过阻燃处理后的可燃材料。

8. 配备足够的消防器材，包括灭火器、火灾事故应急照明灯和疏散指示标志等。

9. 电器线路选型敷设必须符合规范要求。

10. 操作人员一旦发现火情后，应当立即切断电源、停止设备运行、及时疏散人员、隔离现场，并且要采取有效的灭火措施，同时视火情向消防救援机构报警。

二、游船火灾预防

（一）游船火灾案例

1990年9月11日，“长江明珠”豪华旅游船发生火灾，如图3－6所示。主甲板以上设备全部烧毁，造成直接经济损失482.7万余元。火灾系电焊工违规操作导致，其被法院判处有期徒刑。2000年5月6日，长江游轮“平湖2000”游船发生火灾，如图3－7所示。火灾造成3人死亡，经济损失91.8万元。火灾系游船三楼尾部餐厅顶的电线短路导致。

图 3－6　“长江明珠”旅游船火灾

图 3－7　“平湖 2000”游船火灾

（二）游船火灾预防措施

1. 定期进行消防检查，及时消除火灾隐患，及时保养或更换、补充灭火设备，使其始终处于随时可用状态。

2. 严格管控火源。食品加热设备应有可靠的火灾防范措施，禁止私自使用敞开式电炉在舱室内烧煮食物；船上特定场所严禁吸烟，吸烟部位应有防火措施；对于正在进行电焊、气割的场所，要有专人备好灭火器具在旁守候，以便随时施救。

3. 机舱、泵间易于积存油污，厨房排出油气的通风道易于积存油垢，要经常进行清理。

4. 经常检查电线质量，绝缘要良好，不符合要求及时更换；不能随意拉线装灯、使用电炉、增加电路负荷。

5. 沾了油的棉纱头、破布等必须放在有盖的金属桶里，以防自燃引发火灾。

三、旅游大巴车与旅游列车火灾预防

（一）火灾案例

2016 年 6 月 26 日 10 时 20 分左右，湖南省衡阳骏达旅游集团一辆旅游大巴，行驶至湖南郴州宜凤高速公路宜章县境内，撞到护栏后起火，如图 3－8 所示，造成 35 人死亡，13 人受伤；2016 年 7 月 19 日，在台湾桃园，一辆旅游车发生火灾，如图 3－9 所示，造成 26 人死亡，火灾系驾驶员酒后驾车、自杀纵火导致；1988 年 1 月 7 日 23 点 19 分许，由广州开往西安的 272 次旅客列车，因旅客违章携带易燃品乘车，引起重大火灾事故，如图 3－10 所示，造成 34 人死亡，33 人受伤，直接经济损失达 16. 3 万元。

图 3－8　湖南“6·26”旅游车火灾

图 3－9　台湾旅游车火灾

图 3－10　272 次列车火灾

（二）旅游大巴火灾预防措施

1. 加强客车内饰阻燃标准的执行。目前国内客车内饰阻燃性能缺乏监督和检测，很多厂家从成本考虑并未按标准使用阻燃材料。

2. 鼓励使用燃烧烟密度、毒性方面指标较好的内饰材料。着火初期，车内即会产生浓烟，导致看不清车内情况、窒息和呼吸道灼伤等情况，我国目前只有轨道车辆内饰材料制定并执行了燃烧烟密度、毒性等方面的标准，要借鉴国外经验，鼓励燃烧烟密度、毒性较小材料的使用，产品选用时可参考轨道车辆使用的内饰材料。

3. 要加强客运驾驶人等从业人员的培训。重点包括应急操作、应急疏导和组织等方面的培训，也可将相关知识纳入驾驶人和从业人员资格考试题库进行考核。

4. 在客车内张贴逃生指引图，重点提供风险辨识、逃生出口设置和使用、应急设备和器材使用、逃生秩序、减少窒息和烧伤等方面的指引。

5. 尽快逃生。大巴上最重要的逃生通道是车窗和紧急逃生门。如果车门无法打开，通常司机座位旁边和前后车门顶部各有一个应急断气开关，样子像电扇挡位，按此开关可切断气路释放气压，手动开门。在紧急情况下，使用就近的安全锤锤尖，猛击车窗玻璃四个角，出现裂缝后脚跟用力蹬玻璃。如果出现特殊情况，车顶逃生门就是另一条“生路”，逃生门上面有按钮，旋转之后把车门整个往外推。

（三）旅游列车火灾预防

为配合旅游，铁路部门开行了一些旅游专列，在方便旅游的同时，要注意列车防火。

1. 建立健全防火组织，落实防火安全岗位责任制。

2. 建立列车防火档案。

3. 加强列车防火检查，严查“三品”。

4. 加强职工的消防常识和灭火知识的培训。

5. 加强对列车的维修和检查。

6. 加大监督机关的消防检查力度。

7. 采用摘挂钩的方法疏散车厢时，应选择在平坦的路段进行。对有可能发生溜车的路段，可用硬物塞垫车轮，防止溜车。

8. 车厢一旦起火且火势不大时，不要开启车厢门窗，应组织乘客利用列车上的灭火器材扑救火灾，还要有秩序地引导被困人员从车厢的前后门疏散到相邻的车厢。

第六节　宗教活动场所火灾预防

宗教活动场所的火灾预防有其特殊性，在提高场所抵御火灾能力的同时，注意发挥相关人员防火工作的积极性，以杜绝火灾的发生。

一、宗教活动场所的建筑防火要求

（一）消防分区

消防分区是对集中连片的属于文物保护单位的宗教活动场所建筑群，采用适宜措施分隔的若干独立防火区域。

1. 设置消防分区，应保持文物建筑及其环境风貌的真实性、完整性，单个消防分区的占地面积宜为3000～5000m^2。

2. 消防分区宜根据地形特点，采用既有的防火墙、道路、水系、广场、绿地等措施划分。确有困难时，可采取其他增强措施。在不影响文物建筑环境风貌的基础上，可拆除个别阻碍消防分区设置的非文物建筑，以便于消防分区的划分。

（二）消防道路与消防点

1. 消防道路。除因地理条件限制外，宗教活动场所内应当设置消防道路保障消防车通行。

2. 消防点。距离最近的消防站接到出动指令后5min内不能到达的宗教活动场所所在区域，应合理设定消防点。消防点的设定应满足以下要求：

（1）结合消防道路现状、消防救援装备配置情况，以5min内到达火点为标准选址、布置。

(2) 优先利用原有建筑及场地设置，建筑面积不宜小于 15m^2；严寒、寒冷地区应采取保温措施。

(3) 设有明显标识。

(4) 消防点消防装备配置应满足表 3－5 的要求。

表 3－5　消防点消防装备配置

消防车配备数量	手抬机动消防泵	移动式水带卷盘或水带槽	水带	水枪	灭火器	人员配备数量	消防员配套装备
1 辆（小型消防车、洒水车、消防摩托车）	2 台	2 个	50～300m	2 套	≥2 具	≥2 人	手持移动式对讲机、呼吸器、头盔、面罩等

(三) 安全疏散

1. 宗教活动场所建筑内安全出口或安全疏散通道不宜少于 2 个；因客观条件限制不能满足前述要求时，应根据实际情况限制活动场所的使用方式和同时容纳人数。

2. 宗教活动场所内的疏散通道、安全出口应当保持畅通，不得堵塞和占用。

二、消防给水及消防设施器材的设置

(一) 消防水源

宗教活动场所消防水源可由市政给水管网、天然水源或消防水池供给。利用河流、池塘等天然水源作为消防水源的，应当在水源处设置可靠的取水设施，配置手抬机动消防泵。

(二) 消火栓给水系统

1. 室外消火栓系统。宗教活动场所应当按照消防技术标准要求安装室外消火栓系统。消火栓的灭火流量、供水方式和设置位置应当符合国家规范，且便于灭火和有效管理。

2. 室内消火栓系统。宗教活动场所的文物建筑宜采取室内消火栓室外设置。当必须设置在文物建筑内部时，应减少对被保护对象的明显影响；有传统彩画、壁画、泥塑等的文物建筑内部，不得设置室内消火栓；文物建筑内部有生活供水管道的，应在生活供水管道上设置消防软管卷盘或轻便消防水龙。

(三) 火灾自动报警系统

火灾自动报警系统的设置应满足《火灾自动报警系统设计规范》（GB 50116）的要求。火灾自动报警系统应有联网功能，并在确认火灾后启动消防分区的所有声光报警器和消防广播。火灾探测器的选择和系统设备的设置应遵循人防与技防相结合的原则，根据被保护文物建筑的特点、自然环境等条件，采用简单、实用、可靠，且对文物建筑影响最小的形式。文物建筑的火灾自动报警设备与消防控制室报警总线采用有线方式连接有困难时，应设置人工火灾警报装置及独立式火灾探测器，报警信号应通过无线方式与消防控制室联网；在文物建筑防火保护区和控制区，宜在其周边选择适当的高位设置能完全覆盖保护区、基本覆盖控制区的图像型火灾探测器。火灾探测器的布置宜采用重点保护与区域监测相结合的方式，特别重要的文物建筑或场所应采用双重保护。文物建筑的重点部位应设置消防专用电话分机；有人值班的殿堂宜设置消防电话分机。

（四）自动灭火系统

宗教活动场所的文物建筑采用自动灭火系统时，优先采用无管网式系统。在有人值守的情况下，启动装置应为手动控制。

1. 自动喷水灭火系统。该系统适用于有较大火灾危险的近现代砖石结构的宗教活动场所文物建筑，不适用于有传统彩画、壁画、泥塑、藻井、天花等的文物建筑。

2. 固定消防水炮灭火系统。该系统适用于室外，要求室外场所具备作业空间。火灾危险性较高的宗教活动场所文物建筑若能满足固定消防水炮的适用范围和使用要求，水炮对保护对象危害小，可考虑设置固定消防水炮灭火系统。消防水炮应具有雾化功能，宜隐蔽设置，与周边建筑风貌相协调。

3. 气体灭火系统。该系统适用于空间密闭、用作文物库房，且库藏文物适宜使用气体灭火系统的文物建筑。

（五）灭火器

宗教活动场所应参照《建筑灭火器配置设计规范》配置灭火器，灭火器配置的种类、型号、数量及位置应根据场所环境，合理选择。灭火器应设置在明显、易取、稳固的地方，并配有指示标志，不得设置在潮湿或强腐蚀性的地点，在室外的应采用保护措施。存有壁画、彩绘、泥塑、文字资料等历史珍品的，应选择无污损或不破坏保护对象的灭火剂。

（六）应急照明和疏散指示标志

宗教活动场所防火保护区应设置完善的安全疏散指示标志和消防应急照明。人员密集的殿堂，应有安全可靠的疏散通道，必要时设置应急照明和疏散指示标志灯具。为便于疏散，正常照明线路应在人员疏散后再切断。

（七）消防安全标志

宗教活动场所应设置消防安全提示性标志、警示性标志和禁止性标志或图示。

（八）消防备用电源

消防设备除正常电源外应设置备用电源。备用电源采用柴油发电机组时，机房不应设于文物建筑内，且应与文物建筑保持安全距离；机房应靠近消防泵房设置，且便于机组运输及安装；机房内应设置储油间，总存储量不超过1mL；机组的烟气排放、噪声污染应达到环保要求。

三、电气防火安全要求

（一）一般规定

1. 宗教活动场所内应严格用电管理。元代以前早期建筑和具有极其重要价值的文物建筑内部，除展示照明和监测报警等用电外，不宜进行其他用电行为。

2. 文物建筑内现有的配电设备、线路、保护电器等，当选型和安装不满足相关规范规定和防火要求时，应进行改造设计。

3. 有电气火灾危险的宗教活动场所文物建筑应设置电气火灾监控系统，且应将报警信息和故障信息传入消防控制室。

4. 配电线路的保护导体或保护接地中性导体应在进入宗教活动场所文物建筑时接地，进入宗教活动场所文物建筑后的配电线路 N 线与 PE 线应严格分开。

5. 宗教活动场所的配电箱外壳应为金属外壳，箱体电气防护等级室内不应低于 IP54，室外不应低于 IP65。

6. 宗教活动场所的照明光源宜使用冷光源，不得使用卤钨灯等高温照明灯具和电炉、电热器具等大功率电加热电器，提倡使用节能灯。照明灯具应当与可燃物品保持安全距离。各种开关应采用密闭型。

（二）设备和管线安装

1. 宗教活动场所内的电气线路，一律采用铜芯绝缘导线，设备和管线宜明装，并采用阻燃 PVC 或金属穿管保护，不得直接敷设在梁、柱、枋等可燃构件上。

2. 室内配电线路埋地敷设时，应穿壁厚不小于 2.0mm 的热镀锌金属导管保护。管线应敷设在夯实的基础土层，并采取固定措施。

3. 室外配电线路宜采用埋地敷设，在进入室内时，应优先利用原有金属管路采用小口径顶管作业进入室内。

4. 文物建筑室内、外设置的管线和设备安装时，应避免在清水墙面或梁、檩、柱、枋等大木构件上钉钉、钻眼、打洞，安装位置宜隐蔽、安全。管线和设备安装不应影响文物建筑的维修、保养和使用。

5. 管线和设备安装需增加构造柱及框架时，应与建筑内主体结构保持安全距离，安装固定宜采用箍、戗、卡等形式。对接触的文物应采取有效、可逆的保护措施，不应对文物本体造成损坏。

6. 有彩画、壁画、雕刻、石刻、隔扇、多宝阁、落地罩、室内外各类装饰以及题名、题记等的建筑构件上，不应设置管线和设备。

7. 省级以上文物保护单位的砖木或木结构的建筑，宜设置漏电火灾报警装置。

四、防雷

为了预防雷电的危害，宗教活动场所内大型建筑和属于文物的古建筑应按照《建筑防雷设计规范》（GB 50057）设置防雷设施。防雷设计必须将外部防雷装置和内部防雷装置作为整体统一考虑。

（一）外部防雷

宗教活动场所应设防直击雷的外部防雷装置，并应采取防闪电电涌侵入的措施。

1. 接闪器的布设。为保持古建筑物的艺术特点，接闪器宜采用避雷带与短支针的组合，代替原有的“苏式”长针，并宜在敷有引下线屋角的避雷带上焊接短支针，以便有效接闪雷电泄流入地。根据雷击规律，避雷带应沿建筑物屋面的正脊、吻兽、屋顶檐部、斜脊、垂兽和高出建筑物的烟囱等易受雷击的部位敷设。

2. 引下线的布设。防雷引下线根数少，雷电流分流就小，每根引下线所承受的雷电流就越大，容易产生雷电反击和雷电二次效应危害。因此，在布设引下线时尽量多设几根，尽量利用建筑物的柱子和钢筋。敷设时应注意引下线要对称，在间距符合规范的前提下，尽可多设几根。

3. 接地装置布设。古建筑物接地装置的布设应根据其用途、性质、地理环境和游客多少等情况来选择布置方式和位置。对重要的游客集中的古建筑物内部应采用均压措施。对宽度较窄的古建筑物可采用水平周圈式接地装置，并注意接地装置与地下管线路的安全距离。若达不到规范要求的一律连接成一体，构成均压接地网。另外，为降低雷电跨步电压对游客的危害，当接地体距建筑物出入口或人行道小于3m时，接地体局部应埋深1m以下，若深埋有困难，则应敷设5～8cm厚的沥青层，其宽度应超过接地体2m。

（二）内部防雷

在建筑物的地下室或地面层处，下列物体应与防雷装置做防雷等电位连接：建筑物金属体；金属装置；建筑物内系统；进出建筑物的金属管线。外部防雷装置与建筑物金属体、金属装置、建筑物内系统之间，尚应满足间隔距离的要求。

五、宗教活动场所火灾危险源控制

1. 场所内禁止生产、储存、经营易燃易爆危险品。

2. 场所内禁止搭建临时建筑，确需搭建的须经当地宗教和消防部门批准。禁止在殿堂内堆放易燃、可燃材料。

3. 燃灯、点烛、烧香、焚纸等宗教活动用火，应当在室外固定位置进行，采取有效的防火措施，并确定专人现场监护。神佛像前的长明灯应设固定的灯座，并把灯放置在瓷缸或玻璃罩内。蜡烛应有固定的烛台，提倡使用低压电仿制蜡烛。香炉应采用不燃材料制作，放置香烛的木制供桌上应当铺盖隔热的不燃材料。所有的香烛、灯火严禁靠近帐幔、幡幢、伞盖等可燃物，其中对长明灯、明火应当保持不间断监护。

4. 施工中使用的油漆、稀料等易燃化学品，应当限额领料，禁止交叉作业，禁止在作业场所装配、调剂用料；施工作业需要动用明火的应当履行动火审批手续，在指定地点和时间内进行，配置必要的消防器材，并有专人现场监护。

5. 场所内生活与宗教活动应分区设置。因条件所限，无法分开的，应采取防火分隔措施，伙房必须单独设立，炉灶和烟囱应符合防火安全要求。重点文物保护建筑内禁止使用液化石油气和安装燃气管道。

6. 场所内禁止吸烟，并设有明显的警示标志。

7. 场所设置讲台的，讲台上的灯具距离幕布、布景和其他可燃物不得小于50cm。

8. 在场所周边一定范围内，不得燃放烟花炮竹及放孔明灯等，防止飘移物引发火灾。

9. 地处森林、郊野的场所应当清除建筑物周围30m范围内的杂草，防止山火危及。

思考题

1. 消防车道应符合哪些要求？
2. 常用的建筑防火分隔设施有哪些，其应符合什么要求？
3. 防火门应符合哪些要求？疏散门应符合哪些要求？
4. 安全疏散设施的维护检查一般包括哪些内容？
5. 分析文博场馆的火灾危险性。
6. 用电消防安全管理的主要内容有哪些？
7. 建筑装修防火主要有哪些内容？
8. 如何做好风景名胜区的火灾预防？
9. 如何管控好宾馆、饭店的火灾危险源？
10. 如何做好农家乐（民宿）的火灾预防？
11. 游乐设备防火安全措施有哪些？
12. 游船火灾预防措施有哪些？
13. 如何做好旅游大巴的火灾事故预防？
14. 旅游列车火灾处置注意事项有哪些？

第四章　旅游与宗教活动场所消防设施的维护管理

消防设施与器材对确保建筑物的消防安全起着举足轻重的作用，因此，旅游与宗教活动场所不仅应根据消防法律、法规和国家工程建设消防技术标准的规定，配置消防设施、器材，并应定期组织维护管理，确保其完好有效。

第一节　消防设施维护管理的职责及基本要求

一、消防设施维护管理职责及基本要求

（一）单位维护管理职责

1. 旅游与宗教活动场所的产权单位或受其委托管理消防设施的单位，应当明确消防设施的维护管理归口部门、管理人员及其工作职责，建立消防设施值班、巡查、检测、维修、保养、建档等制度，确保消防设施正常运行。

2. 同一建筑物有2个及2个以上产权、使用单位的，明确消防设施的维护管理责任，对消防设施实行统一管理，并以合同方式约定各自的权利与义务。委托物业管理单位、消防技术服务机构等单位统一管理的，物业管理单位、消防技术服务机构等单位应严格按照合同约定，履行消防设施维护管理职责，建立消防设施值班、巡查、检测、维修、保养、建档等制度，确保管理区域内的消防设施正常运行。

3. 消防设施维护管理单位可与消防设施维护保养单位签订消防设施维修、保养合同，自身有维修、保养能力的，应明确维修、保养职能部门和人员。

（二）消防设施维护管理的基本要求

1. 消防设施状态和标识化管理要求。消防设施投入使用后，应处于正常工作状态，严禁擅自关停消防设施。消防设施的电源开关、管道阀门，均应处于正常运行位置，并具有明显的开（闭）状态标识。对需要保持常开或常闭状态的阀门，应采取铅封、标识等限位措施。对具有信号反馈功能的阀门，其状态信号要反馈到消防控制室。消防设施及其相关设备电气控制柜具有控制方式转换装置的，除现场具有控制方式及其转换标识外，其所控制方式宜反馈至消防控制室。

2. 故障维修需暂时停用管理要求。值班、巡查、检测时发现故障，应及时组

织修复。因故障维修等原因需要暂时停用消防系统的，应有确保消防安全的有效措施，并经单位消防安全责任人批准。

3. 远程监控管理要求。城市消防远程监控系统联网用户，应按照规定协议向监控中心发送消防设施运行状态信息和消防安全管理信息。

二、消防设施维护管理的工作环节

消防设施的维护管理包括值班、巡查、检测、维修、保养等工作，大部分属于日常消防安全管理的范畴，其中的检测、维修等技术性较强的工作需由专业公司去做。目的是通过维护管理，使消防设施器材始终保持完好有效状态，发挥探测火灾、及时控制和扑救初起火灾、保护人员安全疏散的作用。

三、常用消防设施的认知

消防设施是人类应对火灾的基本手段，其设置在《建筑设计防火规范》中有明确规定，目的是确保建筑消防安全。

（一）火灾自动报警系统

火灾自动报警系统是实现火灾早期探测和报警，并控制各类消防设备正常工作（如消防水泵的启动、防火卷帘的动作、火灾事故广播等）的自动消防设施。火灾探测器均匀分布在保护场所，一旦发现火灾特征信号，就发出火灾警报。系统主机设备安装在消防控制室，在消防控制室就可实现楼宇消防全监控，如图 4 – 1 所示。

图 4 – 1　火灾自动报警系统

（二）消火栓给水系统

1. 室内消火栓给水系统。室内消火栓给水系统是最主要的建筑灭火设施，通过室内消火栓提供灭火用水。其箱体内有室内消火栓、水带、水枪和消防软管卷盘等设备，如图 4 – 2 所示。操作使用时，消防软管卷盘拉出来打开阀门操作小口径水枪即可，无须将软管全部展开；室内消火栓需将水带与栓口连接并展开，打开消火栓的阀门，操作水枪灭火。在灭火的初期，消防用水由高位消防水箱来保证（消防水箱储存 10min 的消防水量），待消防水泵正常运转后，由消防水池供水。

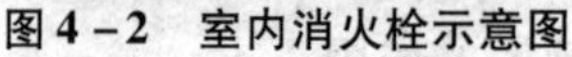

图 4－2 室内消火栓示意图

图 4－3 室外消火栓

2. 室外消火栓。室外消火栓设置在室外消防给水管网上，如图 4－3 所示。供消防车（或其他移动灭火设备）从管网取水，亦可直接接出水带、水枪灭火。室外消火栓不得被埋压、圈占、遮挡，标识明显，便于消防车停靠使用，组件不缺损，栓口不存在漏水现象；地下室外消火栓井周围及井内没有积存杂物、入冬前消火栓的防冻措施到位且完好，应在地面设置明显的永久性固定标识。

（三）自动喷水灭火系统

自动喷水灭火系统能在发生火灾时自动启动喷水灭火，在保护人身和财产安全方面具有安全可靠、经济实用、灭火成功率高等优点，得以广泛应用，如图 4－4 所示。此系统是基于火的直接作用打开喷头进而喷水灭火，并通过报警阀组实现报警和控制功能。

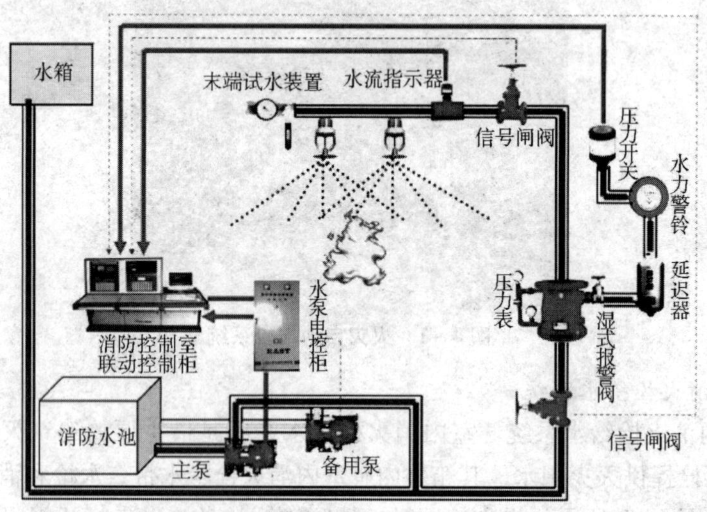

图 4－4 自动喷水灭火系统示意图

喷头由玻璃泡、易熔合金热敏感元件、密封件等零件组成，如图 4－5 所示。平时喷头的出水口由释放机构封闭，火灾时环境温度达到公称动作温度时，玻璃泡破裂或易熔合金热敏感元件熔化，释放机构自动脱落，喷头开启喷水。喷头的公称动作温度分成多个温度等级，用不同的颜色表示，橙色－57℃、红色－68℃、黄色－79℃、绿色－93℃等。

图4－5　喷头示意图

（四）气体灭火系统

气体灭火系统是以一种或多种气体作为灭火介质，通过这些气体在整个防护区内或保护对象周围的局部区域建立起灭火浓度实现灭火，如图4－6所示。气体灭火系统具有灭火效率高、灭火速度快、保护对象无污损等优点。适用于保护具有较高价值的文物。

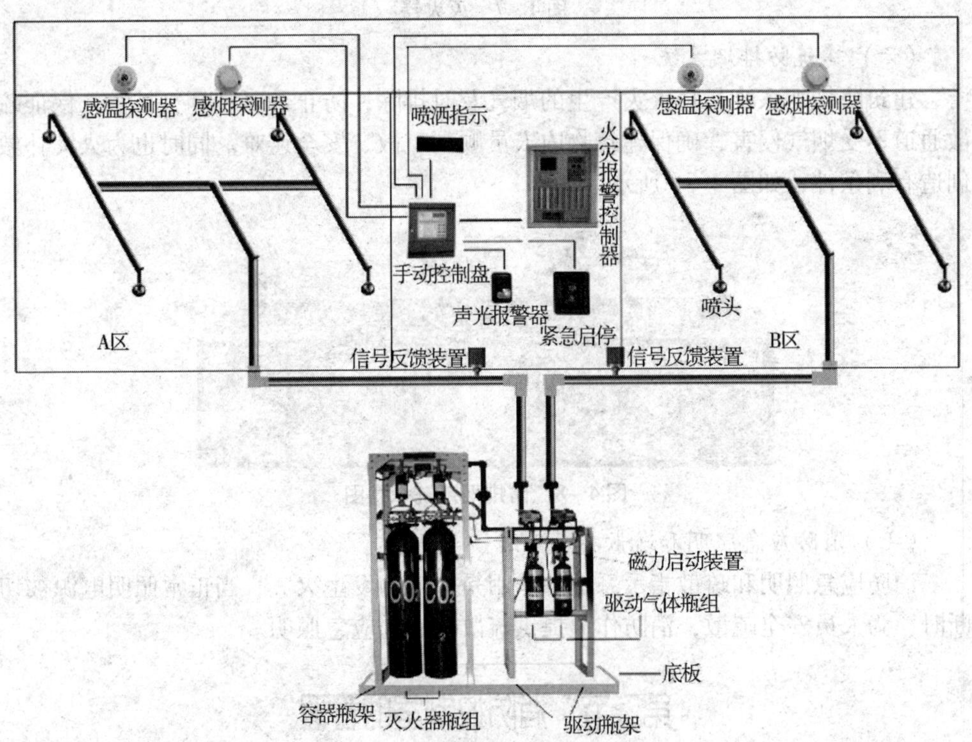

图4－6　气体灭火系统组成示意图

（五）灭火器

灭火器是一种由人手提或推拉至着火点附近，手动操作并在其内部压力作用下，将所充装的灭火剂喷出实施灭火的常规灭火器具，如图4－7所示。灭火器充装的灭火剂有水、泡沫、干粉、二氧化碳、洁净气体等，手提式灭火器总质量在20kg以下，可便携，操作方便。推车式灭火器总质量在25～450kg，装有轮子，可推或拉至火场，灭火能力强。

图4－7　灭火器

（六）建筑防排烟系统

建筑防排烟系统是将火灾产生的烟气及时排除，防止和延缓烟气扩散，保证疏散通道不受烟气侵害，确保建筑物内人员顺利疏散、安全避难。同时也为火灾扑救创造有利条件，如图4－8所示。

图4－8　防排烟系统示意图

（七）消防应急照明和疏散指示系统

消防应急照明和疏散指示系统的作用是建筑物发生火灾，当正常照明电源被切断时，为人员安全疏散，消防作业提供疏散指示和应急照明。

第二节　消防控制室的管理

消防控制室是用于接收、显示、处理火灾报警信号，监控相关消防设施的专门处所，是最重要的消防设备用房。通常也是单位消防值班室。

一、消防控制室的值班

1. 消防控制室实行每日 24h 专人值班制度。每班工作时间不大于 8h，每班人员不少于 2 人。

2. 消防控制室值班人员应通过消防行业特有工种职业技能鉴定，持有初级技能以上（含，下同）等级的消防设施操作员国家职业资格证书；并能熟练操作消防设施。值班人员对火灾报警控制器进行检查、接班、交班时，应填写《消防控制值班记录表》相关内容。值班期间每 2h 记录一次消防控制室内消防设备的运行情况，及时记录消防控制室内消防设备的火警或故障情况。

二、消防控制室的管理

1. 应确保火灾自动报警系统、灭火系统和其他联动控制设备处于正常工作状态，在正常工作状态下，严禁将自动喷水灭火系统、防烟排烟系统以及联动控制的防火卷帘等防火分隔设施设置在手动控制状态。其他消防设施及其相关设备如设置在手动状态时，应有在火灾情况下迅速将手动控制转换为自动控制的可靠措施。

2. 应确保高位消防水箱、消防水池、气压水罐等消防储水设施水量充足，确保消防泵出水管阀门、自动喷水灭火系统管道上的阀门常开；确保消防水泵、防排烟风机、防火卷帘等消防用电设备的配电柜启动开关处于自动位置或者通电状态。

三、消防控制室的值班应急程序

消防控制室的值班人员应按照下列应急程序处置火灾：

1. 接到火灾警报后，值班人员应立即以最快方式确认。

2. 火灾确认后，值班人员应立即确认火灾报警联动控制开关处于自动状态，同时拨打“119”报警，报警时应说明着火单位地点、起火部位、着火物种类、火势大小、报警人姓名和联系电话。

3. 值班人员应立即启动单位内部灭火和应急疏散预案，并同时报告单位消防安全责任人。

四、消防控制室档案资料建立

消防控制室内应保存下列纸质和电子档案资料，并应定期归档。

1. 建（构）筑物竣工后的总平面布局图、建筑消防设施平面布置图、建筑消防设施系统图及安全出口布置图、重点部位位置图等。

2. 消防安全管理规章制度、灭火和应急疏散预案等。

3. 消防安全组织机构图，包括消防安全责任人、管理人、专职及志愿消防人员、微型消防站人员等内容。

4. 消防安全培训记录、灭火和应急疏散预案的演练记录。

5. 值班情况、消防安全检查情况及巡查情况的记录。

6. 消防设施一览表，包括消防设施的类型、数量、状态等内容。

7. 消防系统控制逻辑关系说明、设备使用说明书、系统操作规程、系统和设备维护保养制度等。

8. 设备运行状况、接报警记录、火灾处理情况、设备检修检测报告等资料。

第三节　消防设施的巡查

消防设施的巡查应根据巡查管理制度，按照《建筑消防设施的维护管理》（GB 25201－2010）的技术要求，自行或委托具有相应资质的消防技术服务机构进行。

一、巡查频次及要求

（一）巡查的频次

旅游与宗教活动场所营业期间，应视情况将消防设施的部分或全部纳入每 2h 巡查 1 次的巡查内容中。消防设施应保证每日至少巡查 1 次。

（二）巡查的要求

1. 消防设施的巡查应由归口管理消防设施的部门或单位实施，也可以按照工作、生产、经营的实际情况，将巡查的职责落实到相关工作岗位。

2. 消防设施巡查应明确各类建筑消防设施的巡查部位、频次和内容。巡查时应填写《建筑消防设施巡查记录表》。

3. 巡查时发现故障或者存在问题的，按照规定程序进行故障处置，及时消除存在问题。

二、巡查内容

消防设施的巡查内容包括设置场所或防护区域的环境状况、消防设施主要组件的外观以及消防设施运行状态、消防水源状况及固定灭火设施灭火剂储存量等，详见表 4－1。

表 4 – 1　消防设施巡查内容及状态

巡查项目		巡查内容
消防供电设施	主、备用电源	仪表、指示灯是否正常显示，各个标志是否清晰、完整，开关、按钮是否灵活。
	发电机启动装置	(1) 仪表、指示灯是否处于正常状态，操作部件是否灵活，排烟管道有无变形、脱落，启动电瓶是否定期维护、记录是否完整。 (2) 核对燃油标号是否符合要求。 (3) 输油管有无变形、锈蚀现象，导除静电设施是否连接牢固、接地良好。
	配、发电机房	(1) 配电房（间）消防器材是否完备，防护装具是否齐全，是否存在无关的用火、用电器材等。 (2) 消防低压开关柜的标志是否清晰、完好。 (3) 机房照明、通风、通信等设备是否正常。 (4) 机房入口处防动物侵入、挡水设施是否保持良好。
	末端配电箱	标志是否清晰、完好，仪表、指示灯、开关、控制按钮功能是否正常，操作是否灵活。
火灾自动报警系统	火灾探测器	表面及周围是否存在影响探测功能的障碍物，巡检指示灯是否正常闪亮。
	区域显示器	工作状态指示灯是否处于点亮，是否存在遮挡等影响观察的障碍物。
	CRT 图形显示器	是否处于正常监控、显示状态，模拟操作时显示信息是否准确。
	火灾报警控制器	指示灯功能是否正常，系统显示时间是否存在误差，打印机是否处于开启状态。
	消防联动控制器	是否处于正常监控、无故障状态，操作按钮上对应被控对象的标志是否清晰、完整、牢固。
	手动报警按钮	面板是否破损，巡检指示灯是否正常闪亮，按钮周围是否存在影响辨识和操作的障碍物。
	火灾警报装置	周围是否存在影响观察、声音传播的障碍物。
电气火灾监控系统	火灾监控探测器	安装位置是否改变，固定是否牢靠，距离监控对象的间距是否大于 10cm，探测器金属外壳的安全接地是否完好。
	报警主机	是否处于正常监控、无故障状态，系统显示时间是否无误差。按下“自检”按钮，是否能清晰、完整显示信息，指示灯是否能点亮，声音报警信号是否响起。

（续表）

<table>
<tr><th>巡查项目</th><th colspan="2">巡查内容</th></tr>
<tr><td rowspan="7">供水设施</td><td>消防水池</td><td>水位是否在正常位置，浮球控制阀启闭性能是否良好，取水口是否完好、有无被圈占及遮挡。</td></tr>
<tr><td>消防水箱</td><td>储水量是否满足，浮球阀是否完好，出水控制阀是否开启、止回阀是否正常，水箱有无损坏。</td></tr>
<tr><td>消防水泵</td><td>压力表显示是否正常，出水管上控制阀是否开启，转换开关是否置于“自动”状态，泵组是否存在锈蚀、卡死等现象。泵房内应急照明是否正常，操作规程、保养制度是否完好挂墙。</td></tr>
<tr><td>消防增压稳压设施</td><td>气压罐及其组件是否存在锈蚀、缺损情况，阀门是否处于正常状态，泵组是否处于“自动”状态。</td></tr>
<tr><td>消防水泵接合器</td><td>是否损坏或被埋压、圈占、遮挡，标识是否明显，是否便于消防车停靠供水。</td></tr>
<tr><td>管网及控制阀门</td><td>打开室外管道井，查看进户管道是否锈蚀，连接处是否有漏水、渗水现象，组件（水表、旁通管、阀门等）是否齐全。阀门是否处于完全开启状态，操作手柄是否完好。</td></tr>
<tr><td>天然水源</td><td>最低水位是否符合要求，取水口有无被淤泥淹没现象。</td></tr>
<tr><td rowspan="2">消火栓给水系统</td><td>室内消火栓设备</td><td>（1）标志是否醒目、清晰，消火栓箱内水枪、水带、消火栓、报警按钮等是否完好，消防软管卷盘胶管有无粘连、开裂，与小水枪、阀门等连接是否牢固，支架转动机构是否灵活。
（2）屋顶试验消火栓外观是否完好，压力表显示是否正常。</td></tr>
<tr><td>室外消火栓</td><td>是否被埋压、圈占、遮挡，标志是否明显，是否便于消防车停靠使用，组件是否缺损，栓口是否存在漏水现象；地下室外消火栓井周围及井内是否积存杂物、防冻措施是否完好。</td></tr>
<tr><td rowspan="5">自动喷水灭火系统</td><td>喷头</td><td>本体是否变形，有无附着物、悬挂物，周围及下方是否存在影响感温和洒水效果的障碍物。</td></tr>
<tr><td>报警阀组</td><td>报警阀前后的控制阀门、通向延时器的阀门是否处于开启状态；报警阀组上下压力表显示值是否相近且达到设计要求。</td></tr>
<tr><td>末端试水装置</td><td>打开试验阀，检查排水措施是否畅通，观察压力表读数是否不低于0.05MPa。</td></tr>
<tr><td>压力开关</td><td>压力开关与信号模块间连接线是否完好、接头是否牢固，信号模块是否处于正常工作状态。</td></tr>
<tr><td>水流指示器</td><td>水流指示器前阀门是否完全开启，连接线是否完好、牢固，信号模块是否处于正常工作状态。</td></tr>
</table>

（续表）

巡查项目		巡查内容
气体灭火系统	控制器	观察面板上各类状态指示灯，判断系统是否处于无故障、正常运行状态。
	储瓶间	监控装置是否正常工作，通风措施是否完好，房间内是否堆放杂物。
	瓶组与储罐	标志是否完好，瓶组是否牢固，组件之间连接是否松脱，安全阀出口是否通畅。
	钢瓶组件	高压软管、启动管路是否连接紧密，瓶头阀限位措施是否处于正常松开状态。
	选择阀及驱动装置	标志是否醒目，连接管道是否松脱，保护区域标志是否醒目、完整。
	喷嘴及管网	喷嘴是否被遮挡、拆除，管道有无损伤，预制系统喷嘴前2m是否有阻碍气体释放的障碍物。
	防护区	入口处防护标志是否完好，防护区有无发生改变。
防烟排烟系统	机械加压送风系统	仪表、指示灯是否正常显示，有关按钮、开关操作是否灵活；控制模块是否处于工作状态。
	主要组件	（1）各个组件的标识是否醒目、设备是否完好，是否处于正常状态。 （2）排烟竖井有无变形、缺损，进气口、排烟口周围是否存在影响烟气流通的障碍物或能被吸附的杂物，风口标志是否醒目。
消防应急照明和疏散指示标志	应急灯具	是否破损，工作状态指示是否正常，埋地安装的消防应急灯具保护措施是否完好。
	疏散指示标志	（1）标志灯具周围是否存在影响观察的悬挂物、货物堆垛、商品货架等。 （2）标志灯具面板是否存在被涂覆、遮挡、损坏等现象。 （3）埋地安装的标志灯具，其金属构件是否锈蚀，面板罩内是否有积水、雾气。 （4）消防应急标志灯具箭头指向是否正确、有效。
	应急照明控制器	是否处于无故障工作状态，按下“自检”按钮，指示灯、显示器、音响器件是否处于完好状态，控制器周边是否存在影响操作、维护、检修的障碍物。
	蓄光型疏散指示标志	标志牌固定是否牢固，牌面是否破损、模糊、有污损等，是否被其他物品遮挡，标志牌指示方向是否正确、有效，标志牌周边是否存在影响其吸收光能量的障碍物。

（续表）

<table>
<tr><th colspan="2">巡查项目</th><th>巡查内容</th></tr>
<tr><td colspan="2">消防应急广播系统</td><td>系统各组件是否齐全、处于无故障运行状态，仪表、指示灯是否能正常显示，扬声器是否完好、牢固，扬声器周围是否存在影响声音传播的障碍物。</td></tr>
<tr><td colspan="2">消防专用电话</td><td>（1）电话总机是否处于无故障状态，“自检”时仪表、指示灯、显示器件等是否能正常工作。
（2）电话分机组件是否齐全、外观是否有缺陷，手柄与机身连接线是否完好、连接是否牢固。
（3）电话手柄、电话插孔外观是否完好，连接线端部接头是否牢固。</td></tr>
<tr><td rowspan="3">防火分隔设施</td><td>防火门</td><td>门扇是否完好，标志是否醒目，是否存在影响开启的障碍物，开启或关闭状态是否正常。</td></tr>
<tr><td>防火卷帘</td><td>（1）卷帘下方是否存在影响卷帘门正常下降的障碍物，现场控制盒是否完好，标志是否醒目，周围是否存在影响操作的障碍物。
（2）控制器是否处于无故障状态，其仪表、指示灯、按钮、开关等器件是否能正常工作。</td></tr>
<tr><td>防火阀</td><td>防火阀标志是否醒目、清晰，防火阀与风管连接处是否脱落、松动。</td></tr>
<tr><td colspan="2">消防电梯</td><td>（1）首层电梯层门的上方或附近是否设置“消防电梯”的标志，标志是否醒目、完好。
（2）消防电梯前室的通道上是否有影响人员、消防器材及装备进入的障碍物，消防电梯轿厢内部是否采用了可燃装修，相关操作规程是否清晰、完整。</td></tr>
<tr><td colspan="2">灭火器</td><td>（1）铭牌是否清晰，筒体是否无明显的损伤，铅封是否完好，喷射软管有无明显皲裂，压力表指针是否在工作压力范围内。
（2）检查灭火器是否达到送修条件，是否符合报废条件，是否具有定期维护检查的记录。
（3）灭火器位置有无变动，操作是否便利。</td></tr>
<tr><td colspan="2">防雷设施</td><td>（1）是否由于维修建筑物或建筑物本身形状有变动，使防雷装置的保护范围出现缺口。
（2）明装导体有无因锈蚀或机械损伤而折断的情况，锈蚀在30%以上时，必须更换。
（3）接闪器有无因雷击后而发生熔化或折断，避雷器瓷套有无裂纹、碰伤等情况。
（4）引下线在距地面2m至地下0.3m一段的保护处理有无被破坏情况。
（5）检查有无因各种原因而挖断接地装置。</td></tr>
</table>

第四节　消防设施的维护保养

一、维护保养要求

1. 消防设施的维护管理人员应掌握和熟悉各种消防设施的工作原理、性能和操作规程。

2. 单位消防安全管理人对消防设施存在的问题和故障，应立即通知具有资质的维修人员进行维修。维修期间，应采取确保消防安全的有效措施。故障排除后应进行相应功能试验并经单位消防安全管理人检查确认。

二、维护保养周期和内容

消防设施维护保养应依据有关国家工程建设消防技术标准来实施，如表 4－2 所示。

表 4－2　消防设施维护保养的周期和内容

项目	周期	内容
火灾自动报警系统	季度检查	（1）分期分批试验探测器的动作及确认灯显示。 （2）试验火灾警报装置的声光显示。 （3）试验水流指示器、压力开关等报警功能、信号显示。 （4）主电源和备用电源自动切换试验。 （5）自动或手动检查防火卷帘、防排烟系统、灭火系统等控制设备的控制显示功能。
	年度检查	（1）全部探测器和手动报警装置试验检查。 （2）自动和手动打开排烟阀、关闭电动防火阀检查。 （3）全部电动防火门、防火卷帘的试验检查。 （4）强制切断非消防电源功能试验。 （5）其他有关的消防控制装置功能试验。
	年度维修	（1）点型感烟火灾探测器投入运行 2 年后，应每隔 3 年至少全部清洗一遍。 （2）对采样管道进行定期吹洗。

（续表）

项目	周期	内容
消防给水及消火栓系统	日检查	（1）对稳压泵的停泵启泵压力和启泵次数等进行检查。 （2）对柴油机消防水泵的启动电池的电量进行检测。 （3）系统控制阀外观检查，处于正常状态。 （4）冬季消防储水设施防冻检查，确保不结冰和室温不低于5℃的措施可靠。
	周检查	（1）检查储油箱的储油量。 （2）模拟消防水泵自动控制的条件自动启动消防水泵运转1次，且自动记录自动巡检情况。 （3）检查消火栓配套器材是否保持完好有效，是否遮挡。
	月检查	（1）对消防水池、高位消防水箱等消防水源的水位进行一次检测。 （2）手动启动消防水泵运转1次，并检查供电电源的情况。 （3）对气压水罐的压力和有效容积等进行1次检测。 （4）对系统上所有控制阀门的铅封、锁链进行1次检查，确定其未发生变动，有损坏及时修理更换。 （5）对减压阀组进行1次放水试验，检测并记录减压阀前后的压力，不符合要求要及时调试和维修。 （6）对电动阀和电磁阀的供电和启闭性能进行检测。 （7）在市政供水阀门处于完全开启状态时，每月对倒流防止器的压差进行检测。
	季度检查	（1）检测市政给水管网的压力和供水能力。 （2）对消防水泵的出流量和压力进行1次试验。 （3）对室外阀门井中进水管上的控制阀门进行1次检查，并应核实其处于全开启状态。 （4）对消防水泵接合器的接口及附件进行1次检查，并应保证接口完好、无渗漏、闷盖齐全。 （5）对消火栓进行1次外观和漏水检查，发现有不正常的消火栓应及时更换。
	年度检查	（1）对天然河湖等地表水消防水源的常水位、枯水位、洪水位，以及枯水位流量或蓄水量等进行1次检测。 （2）对水井等地下水消防水源的常水位、最低水位、最高水位和出水量等进行1次测定。 （3）对系统过滤器进行至少1次排渣，并应检查过滤器是否处于完好状态，当堵塞或损坏时应及时检修。 （4）检查消防水池、消防水箱等蓄水设施的结构材料是否完好，发现问题时应及时处理。 （5）对减压阀的流量和压力进行1次试验。 （6）入冬前检查消火栓的防冻设施是否完好。 （7）进行1次消火栓系统出水试验和联动功能试验。

（续表）

项目	周期	内容
自动喷水灭火系统	日检查	(1) 系统控制阀、报警阀组外观、报警控制装置完好状况及开闭状态的检查。 (2) 电源接通状态、电压情况巡检。
	周检查	不带锁定的明杆闸阀、方位蝶阀等阀类的开启状态及开关后是否有泄漏现象检查。
	月检查	(1) 手动启动消防水泵（稳压泵）运行测试，模拟自动控制的条件进行启动运转测试。 (2) 检查喷头完好状况、备用量并进行异物清除。 (3) 检查系统所有控制阀门的状态及其铅封、锁链完好状况。 (4) 消防气压给水设备的气压、水位测试，消防水池、消防水箱的保障措施检查。 (5) 电磁阀启动测试。 (6) 信号阀启闭状态时输出信号检查。 (7) 利用末端试水装置进行的系统功能检查，对水流指示器动作、信息反馈进行试验。 (8) 报警阀的主阀锈蚀状况，各个部件连接处渗漏情况，主阀前后压力表读数准确性，压力开关动作情况，警铃动作及铃声，排水畅通、充气装置启停，加速排气压装置排气、电磁阀动作、启动性能等情况检查。 (9) 过滤器的排渣、完好状态检查。
	季度检查	(1) 对系统所有的末端试水阀和报警阀旁的放水试验阀进行 1 次放水试验，并应检查系统启动、报警功能以及出水情况是否正常。 (2) 室外阀门井中的控制阀门开启状况及其使用性能测试。
	年度检查	(1) 水源供水能力测试。 (2) 消防泵流量监测。 (3) 水泵接合器通水加压测试。 (4) 水设备完好状态检查。 (5) 系统联动测试。

（续表）

项目	周期	内容
气体灭火系统	月检查	（1）系统外观检查，所有组件应无碰撞等损伤，表面无锈蚀，保护层完好，铭牌应清晰，手动操作装置的防护罩、铅封和安全标志应完整。另外，不得有其他物件阻挡或妨碍系统正常操作。 （2）检查驱动控制盘面板上的指示灯，应正常，各开关位置应正确，各连线应无松动现象。 （3）检查储存容器内的压力，气动型驱动装置的气动源的压力。
	季度检查	（1）检查可燃物的种类、分布情况及防护区的开口情况，应未发生变化。 （2）储存装置间的设备、灭火剂输送管道和支、吊架的固定检查，应无松动。 （3）连接管检查，应无变形、裂纹及老化。 （4）喷嘴孔口检查，其应无堵塞。 （5）高压二氧化碳储存容器称重检查，其灭火剂净重不得小于设计储存量的90%。
	年度检查	（1）进行电控部分的联动试验，其应启动正常。 （2）对每个防护区进行1次模拟自动喷气试验。 （3）对高压二氧化碳、三氟甲烷储存容器进行称重检查，其灭火剂净重不得小于设计储存量的90%。 （4）预制气溶胶灭火装置有效期限检查。 （5）泄漏报警装置报警定量功能试验。 （6）主用量灭火剂储存容器切换为备用量灭火剂储存容器的模拟切换操作试验。
	维修	（1）每3年应对金属软管（连接管）进行水压强度试验和气密性试验，如发现老化现象，应进行更换。 （2）释放过灭火剂的储瓶、相关阀门等部件进行1次水压强度和气体密封性试验，试验合格方可继续使用。
防烟排烟系统	月检查	（1）手动或自动启动防烟、排烟风机试运转，检查有无锈蚀、螺丝松动。 （2）手动或自动启动、复位挡烟垂壁试验，检查有无升降障碍。 （3）手动或自动启动、复位排烟窗试验，检查有无开关障碍。 （4）检查供电线路有无老化，双回路自动切换电源功能等。
	季度检查	对防烟、排烟风机、活动挡烟垂壁、自动排烟窗进行功能检测启动试验及供电线路检查。
	半年检查	对全部排烟防火阀、送风阀或送风口、排烟阀或排烟口进行自动和手动启动试验。
	年度检查	（1）对全部防烟、排烟系统进行1次联动试验和性能检测，联动功能和性能参数应符合设计要求。 （2）采用无机玻璃钢风管时，每年应对风管质量进行检查，风管表面光洁、无明显泛霜、结露和分层现象。

（续表）

项目	周期	内容
应急照明	月检查	（1）检查消防应急灯具，如果发出故障信号或不能转入应急工作状态，应及时进行维修或者更换。 （2）检查应急照明集中电源和应急照明控制器的状态，如果发现故障声光信号应及时进行维修或者更换。
	季度检查	（1）检查消防应急灯具、应急照明集中电源和应急照明控制器的指示状态。 （2）检查应急工作时间。 （3）检查转入应急工作状态的控制功能。
	年度检查	（1）对电池做容量检测试验。 （2）对应急功能进行试验。 （3）检验自动和手动应急功能，进行与火灾自动报警系统的联动试验。
灭火器	送修	（1）对于水基型灭火器，出厂期满3年应送修，首次维修以后每满1年应送修。对于干粉灭火器、洁净气体灭火器和二氧化碳灭火器，出厂期满5年应送修，首次维修以后每满2年应送修。 （2）存在机械损伤、明显锈蚀、灭火剂泄漏、被开启使用过或符合其他维修条件的灭火器应及时进行维修。
	报废	（1）对于水基型灭火器，报废期限为6年。对于干粉灭火器、洁净气体灭火器，报废期限为10年。对于二氧化碳灭火器和贮气瓶，报废期限为12年。 （2）永久性标志模糊、无法识别，气瓶（筒体）被火烧、严重变形、外部涂层脱落面积大于总面积的1/3，外表面、连接部位、底座有腐蚀的凹坑，气瓶（筒体）有锡焊、铜焊、补缀等修补痕迹或有锈屑或内表面有腐蚀的凹坑，水基型灭火器筒体内部的防腐层失效，气瓶（筒体）的连接螺纹有损伤、水压试验不符合要求，不符合消防产品市场准入制度，由不合法的维修机构维修过，法律或法规明令禁止使用的，均应报废。

思考题

1. 常用的消防设施有哪些？其主要作用是什么？
2. 消防控制室值班应符合哪些要求？
3. 消防设施巡查有哪些要求？
4. 火灾自动报警系统巡查项目有哪些？
5. 自动喷水灭火系统月检查的项目有哪些？
6. 符合什么条件的灭火器要报废？

第五章　旅游与宗教活动场所消防安全管理

为了切实依法履行消防安全法定职责，有效预防和遏制火灾事故的发生，旅游与宗教活动场所应依据《消防法》和公安部令第61号等有关法律、法规，开展消防安全管理工作，达到减少火灾危害，保护人身、财产安全，维护公共安全的目的。

第一节　消防安全制度建设

消防安全制度是社会单位为保障消防安全所制定的各项管理制度、操作规程、措施和行为准则等，是单位落实消防安全责任制的必要保证。因此，旅游与宗教活动场所应结合本单位实际，建立健全各项消防安全制度，并由消防安全责任人批准后公布实施。

一、消防安全制度的制定要求

制定消防安全制度应充分考虑以下要求：立足单位实际，符合客观需要；便于操作，具有针对性；依法依规，规范建制；量化标准，方便奖惩考核。

二、消防安全责任制度及内容要点

1. 单位消防安全责任制度。要点：单位普遍履行的消防安全一般职责；消防安全重点单位的职责；承包、租赁或委托经营时单位的消防安全职责；多产权建筑物中各单位的消防安全职责；举办大型活动时单位的消防安全职责。

2. 单位逐级及各类人员岗位消防安全责任制度。要点：消防安全责任人、消防安全管理人、消防安全归口管理部门负责人、专（兼）职消防管理人员、消防设施操作人员、专职和志愿消防队员、微型消防站人员以及员工的消防安全职责。

三、消防安全管理制度及内容要点

1. 消防安全例会制度。要点：会议召集，人员组成，会议频次，议题范围，决定事项，考核办法，会议记录等。

2. 消防组织管理制度。要点：组织机构及人员，工作职责，例会、教育培训，活动要求等。

3. 消防安全教育、培训制度。要点：消防安全教育与培训的责任部门、责任人及职责，教育与培训频次、培训对象（包括特殊工种及新员工）、培训形式、培训要求、培训内容、培训组织程序，考核办法、情况记录等。

4. 消防（控制室）值班制度。要点：消防控制室值班责任部门、责任人以及操作人员的职责，值班操作人员岗位资格、值班制度及值班人数，消防控制设备操作规程，突发事件处置程序、报告程序、工作交接、情况记录等。

5. 防火巡查、检查制度。要点：防火巡查与检查的责任部门、责任人及职责，检查时间、频次和参加人员，检查部位、内容和方法，违法行为和火灾隐患处理、报告程序、整改责任和防范措施、防火检查情况记录管理等。

6. 火灾隐患整改制度。要点：火灾隐患整改的责任部门及责任人，火灾隐患认定、处理和报告程序，火灾隐患整改期间安全防范措施、火灾整改的期限和程序、整改合格的标准，所需经费保障等。

7. 安全疏散设施管理制度。要点：安全疏散设施管理责任部门、责任人及职责，安全疏散部位、设施检测和管理要求、情况记录等。

8. 消防设施、器材维护管理制度。要点：消防设施与器材的维护管理责任部门、责任人及职责，消防设施与器材的登记、维护保养及维修检查要求和方法，每日检查、月（季）度试验检查和年度检查内容和方法，消防设施定期维护保养报告备案、检查记录管理等。

9. 用火、用电安全管理制度。要点：安全用火、用电管理责任部门、责任人和职责，定期检查制度，临时用火、用电审批范围、程序和要求，操作人员岗位资格及其职责要求，违规惩处措施、情况记录等。

10. 燃香安全管理制度。要点：燃香点、存储点设置的条件、数量及规模，检查和处理的具体时间及频次，管理的业务流程和操作规范等。

11. 燃气和电气设备的检查与管理（包括防雷、防静电）制度。要点：燃气和电气设备的检查与管理责任部门和责任人，电气设备检查、燃气设备检查的内容和方法、频次，检查工具，检查中发现的隐患、落实整改措施，检查情况记录等。

12. 专职、志愿消防队和微型消防站的组织管理制度。要点：专职（志愿）消防队和微型消防站的责任部门、责任人及职责，专职（志愿）消防队和微型消防站的人员组成及其职责，专职（志愿）消防队和微型消防站的人员调整、归口管理，器材配置与维护管理，有关人员培训内容、频次、实施方法和要求，组织训练、演练考核方法、奖惩措施等。

13. 灭火和应急疏散预案演练制度。要点：单位灭火和应急疏散预案编制与演练的责任部门和责任人，预案制订、修改、审批程序，组织分工，演练范围、频次、程序和注意事项，以及演练情况记录、演练后的总结与评估等。

14. 消防安全工作考评和奖惩制度。要点：消防安全工作考评和奖惩实施的责任部门和责任人，考评目标、频次、考评内容、考评方法、奖惩措施等。

15. 其他必要的消防安全制度。单位还应根据旅游与宗教活动场所自身实际情况，制定相关必要的消防安全制度。

四、消防安全操作规程及内容要点

1. 消防设施操作规程。要点：岗位人员应具备的资格，消防设施的操作方法和程序、检修要求，容易发生的问题及处置方法，操作注意事项等。

2. 变配电设备操作规程。要点：岗位人员应具备的资格，设备的操作方法和程序、检修要求，总配电间、分配电间、消防电源容易发生的问题及处置方法，操作注意事项等。

3. 电气线路、设备安装操作规程。要点：岗位人员应具备的资格，电气线路、设备安装操作方法和程序、检修要求，容易发生的问题及处置方法，操作注意事项等。

4. 燃油燃气设备、器具使用操作规程。要点：岗位人员应具备的资格，设施、设备的操作方法和程序、检修要求，容易发生的问题及处置方法，操作注意事项等。

5. 电焊、气焊操作规程。要点：岗位人员应具备的资格，设施、设备的操作方法和程序、检修要求，容易发生的问题及处置方法，操作注意事项等。

6. 压力容器等特殊设备安装操作规程。要点：岗位人员应具备的资格，设备安装操作方法和程序、检修要求，容易发生的问题及处置方法，操作注意事项等。

第二节　消防安全检查及火灾隐患整改

消防安全检查的目的是及时发现消防安全违法行为和火灾隐患，确保相关消防安全管理制度和操作规程得到落实，做到消防安全自查，火灾隐患自除。

一、防火巡查

防火巡查，是单位组织相关专兼职消防人员，每日按照一定的频次和路线在有关区域内巡回观察消防安全重点部位、重点区域及周围的各种消防安全状态，及时解决消防安全问题、纠正各种消防安全违法行为和消除火灾隐患的一种检查形式。通过全天候、全方位的安全巡查，将火灾事故消灭在萌芽状态。

（一）防火巡查的频次及内容

旅游与宗教活动场所中属于消防安全重点单位的，应进行每日防火巡查，其中公众聚集场所在营业期间的防火巡查应当至少每 2h 一次。属于一般单位的，根据需要组织防火巡查。需要时应组织夜间防火巡查。营业结束时应当对现场进行检查，消除遗留火种。

1. 用火、用电、用气有无违章情况。

2. 安全出口、疏散通道是否畅通，安全疏散指示标志、应急照明是否完好。

3. 消防设施、器材和消防安全标志是否在位、完整。

4. 常闭式防火门是否处于关闭状态，防火卷帘下是否堆放物品影响使用。

5. 消防安全重点部位的人员在岗情况。

6. 宗教活动用火是否在指定地点进行，是否确定专人看管并落实防火措施。

7. 有无遗留火种、吸烟、动用明火现象。

8. 地处森林、郊野的文物建筑防火隔离带范围内是否有杂草等易燃物，是否堆放柴草、木料、杂物等易燃可燃物品。

9. 其他消防安全情况。

（二）防火巡查的要求

1. 防火巡查应事先确定巡查的人员、内容、部位和频次。

2. 防火巡查人员应当及时纠正消防违章行为，妥善处置火灾隐患，无法当场处置的，应当立即报告。发现初起火灾应当立即报警、通知人员疏散、及时扑救。

3. 防火巡查应当填写巡查记录，并且巡查人员及其主管人员应当在巡查记录上签名。

4. 防火巡查宜采用电子巡更设备、物联网智慧消防监控系统等先进技术手段，对旅游与宗教活动场所内的消防设施、电气线路、燃气管道、疏散楼梯等进行实时自动巡查。

二、防火检查

防火检查，是单位在一定的时间周期内、重大活动及节日前或火灾多发季节，对单位消防安全工作涉及的方方面面进行的较为细致的一种定期检查。

（一）防火检查的频次

旅游与宗教活动场所应当至少每月进行一次防火检查。

（二）防火检查的内容

1. 火灾隐患的整改情况以及防范措施的落实情况。

2. 安全疏散通道、疏散指示标志、应急照明和安全出口情况。

3. 消防车通道、消防水源情况。

4. 灭火器材配置及有效情况。

5. 用火、用电、用气、人员住宿有无违章情况。

6. 重点工种人员以及其他员工消防知识的掌握情况。

7. 消防安全重点部位的管理情况。

8. 重要物资的防火安全情况。

9. 消防（控制室）值班情况和设施运行、记录情况。

10. 防火巡查情况。

11. 消防安全标志的设置情况和完好、有效情况。

12. 电器产品的安装、使用及其线路的敷设是否符合消防技术标准和管理规定。

13. 宗教活动用火的管理情况。

14. 文物建筑防火保护区内是否附着干枯杂草、树枝、灌木等易燃可燃物。

15. 地处森林、郊野的文物建筑防火隔离带设置情况。

16. 其他需要检查的内容。

（三）防火检查的方法

1. 询问了解。主要了解消防安全管理人员和员工消防知识技能掌握等情况，通过对相关人员进行询问或测试的方法直接而快速地获得相关的信息。一是询问各级、各岗位消防安全管理人员，了解组织落实消防安全管理工作的概况以及对消防工作的熟悉和重视程度；二是询问消防安全重点部位的人员，了解单位对其培训的概况以及消防安全制度和操作规程的落实情况；三是询问消防控制室的值班、操作人员，了解其是否具备岗位能力；四是询问员工或从业人员，了解其火场疏散逃生的知识和技能、报告火警和扑救初起火灾的知识和技能等掌握情况。询问可以采用随机抽查的方式，边检查、边询问、边记录情况，防火检查人员应在事前做好询问准备，避免盲目性。

2. 查阅档案资料。查阅各项消防安全责任制度和消防安全管理制度，防火检（巡）查及消防培训教育记录，新增消防产品、防火材料的合格证明材料，消防设施定期检查记录和建筑自动消防系统全面测试及维修保养的报告，与消防安全有关的电气设备检测（包括防静电、防雷）记录资料，燃油、燃气设备安全装置和容器检测的记录资料，其他与消防安全有关的文件、资料。重在查阅所制定的各种消防安全制度和操作规程是否全面并符合有关消防法律、法规的规定和实际需要，灭火和应急疏散预案是否具有合理性和可操作性，各种检查记录及值班记录的填写是否详细、规范，有关资料的真实性、有效性和一致性。

3. 实地查看。可通过眼看、手摸、耳听、鼻嗅等直接观察的方法进行实地查看，查看疏散通道是否畅通，防火间距是否被占用，安全出口是否被锁闭、堵塞，消防车通道是否被占用、堵塞，使用性质和防火分区是否改变，消防设施和器材是否被遮挡，消防设施的组件是否齐全、有无损环，阀门、开关等是否按要求处于启闭位置，各种仪表显示屏显示的位置是否在正常的允许范围，是否存在违章用火、用电、用气的行为，操作作业是否符合安全规程等。防火检查人员必须亲临现场，查看过程中要充分发挥人的感官功能，认真细致观察。

4. 抽查测试。抽查测试主要是借助防火检查仪器设备，对建筑消防设施功能进行抽查测试，查看其运行情况。有消火栓压力、消防电梯紧急停靠、火灾报警器报警和故障功能、防火门与防火卷帘启闭、消防水泵启动、防烟排烟系统启动及排烟量、压力等项目的测试。

5. 现场演练。在实施防火检查时，视情况还可以通过查看灭火和应急疏散预案的演练情况，检查旅游与宗教活动场所能否按照预案确定的组织机构和人员分工，各就各位，各负其责，各尽其职，有序地组织实施初起火灾的扑救和人员疏散。

三、火灾隐患判定与整改

酿成火灾事故的原因多数是其存在一定的火灾隐患，而不及时采取措施予以消除。因此，在实施防火检查时，检查人员应当能够准确认定存在的火灾隐患，从而采取相应的措施，在规定的期限内及时整改并消除火灾隐患，以免酿成火灾事故。

（一）火灾隐患的含义及分级

火灾隐患，是指违反消防法律、法规，不符合消防技术标准，有可能引起火灾（爆炸）事故发生或危害性增大的各类潜在不安全因素，包括人的不安全行为、物的不安全状态等。

根据不安全因素引发火灾的可能性大小和可能造成的危害程度的不同，可将火灾隐患分为一般火灾隐患和重大火灾隐患。一般火灾隐患，是指有引发火灾的可能，且发生火灾会造成一定的危害后果，但危害后果不严重的各类潜在不安全因素。重大火灾隐患，是指违反消防法律法规，不符合消防技术标准，可能导致火灾发生或火灾危害增大，并由此可能造成重大、特别重大火灾事故后果和严重社会影响的各类潜在不安全因素。

（二）火灾隐患的确定

在防火检查中，发现具有下列情形之一的，可以将其确定为火灾隐患：

1. 影响人员安全疏散或者灭火救援行动，不能立即改正的。

2. 消防设施未保持完好有效，影响防火灭火功能的。

3. 擅自改变防火分区，容易导致火势蔓延、扩大的。

4. 在人员密集场所违反消防安全规定，使用、储存易燃易爆危险品，不能立即改正的。

5. 不符合城乡消防安全布局要求，影响公共安全的。

6. 其他可能增加火灾实质危险性或者危害性的情形。

（三）重大火灾隐患的判定

重大火灾隐患应按照《重大火灾隐患判定方法》（GB 35181－2017）规定的判定原则和程序进行认定，并根据实际情况选择直接判定方法或综合判定方法。

1. 直接判定方法。存在下列不能立即改正的火灾隐患要素之一的，可以直接判定为重大火灾隐患：

（1）生产、储存、经营易燃易爆危险品的场所与人员密集场所、居住场所设置在同一建筑物内，或与人员密集场所、居住场所的防火间距小于规定值的75%。

（2）公共娱乐场所、商店、地下人员密集场所的安全出口数量不足或其总净宽度小于规定值的80%。

（3）旅馆、公共娱乐场所、商店、地下人员密集场所未按规定设置自动喷水灭火系统或火灾自动报警系统。

（4）在人员密集场所违反消防安全规定使用、储存或销售易燃易爆危险品。

（5）托儿所、幼儿园的儿童用房，所在楼层位置不符合规定。

（6）人员密集场所的居住场所采用彩钢夹芯板搭建，且彩钢夹芯板芯材的燃烧性能等级低于《建筑材料及制品燃烧性能分级》（GB 8624－2012）规定的A级。

2. 综合判定方法。对不存在重大火灾隐患直接判定情形的，依据表5－1综合判定其是否存在重大火灾隐患。

表5－1　重大火灾隐患综合判定要素

项目	综合判定要素
总平面布置	1. 未设置消防车道或消防车道被堵塞、占用。
	2. 防火间距被占用或小于规定值的80%。
	3. 在民用建筑中从事生产、储存、经营等活动，且不符合《住宿与生产储存经营合用场所消防安全技术要求》（GA 703）的规定。
	4. 地下车站的站厅乘客疏散区、站台及疏散通道内设置商业经营活动场所。
防火分隔	5. 防火分区被改变并导致实际防火分区的建筑面积大于规定值的50%。
	6. 防火门、防火卷帘等防火分隔设施损坏的数量大于该防火分区相应防火分隔设施总数的50%。
	7. 丙、丁、戊类厂房内有火灾或爆炸危险的部位未采取防火分隔等防火防爆技术措施。
安全疏散设施及灭火救援条件	8. 建筑内避难走道、避难间、避难层的设置不符合规定或被占用。
	9. 人员密集场所内疏散楼梯间的设置形式不符合规定。
	10. 建筑物的安全出口数量或宽度不符合规定或被封堵。
	11. 建筑物应设置独立的安全出口或疏散楼梯而未设置。
	12. 商店营业厅内的疏散距离大于国家工程建设消防技术标准规定值的125%。
	13. 未设置疏散指示标志、应急照明，或所设置设施的损坏率大于规定要求设置数量的30%。
	14. 建筑的封闭楼梯间或防烟楼梯间的门的损坏率大于其设置总数的50%。
	15. 人员密集场所内疏散走道、疏散楼梯间、前室的室内装修材料的燃烧性能不符合《建筑内部装修设计防火规范》（GB 50222）的规定。
	16. 人员密集场所的疏散走道、楼梯间、疏散门或安全出口设置栅栏、卷帘门。
	17. 人员密集场所的外窗被封堵或被广告牌等遮挡。
	18. 高层建筑的消防车道、救援场地设置不符合要求或被占用，影响火灾扑救。
	19. 消防电梯无法正常运行。

（续表）

项目	综合判定要素
消防给水及灭火设施	20. 未按规定设置消防水源等。
	21. 未按规定设置室外消防给水系统，或已设置但不符合标准的规定或不能正常使用。
	22. 未按国家工程建设消防技术标准的规定设置室内消火栓系统，或已设置但不符合标准的规定或不能正常使用。
	23. 未按规定设置自动喷水灭火系统。
	24. 未按规定设置消火栓给水系统等。
	25. 自动喷水灭火系统或消火栓给水系统等不能正常使用或运行。
防烟排烟设施	26. 未按规定设置防烟、排烟设施或已设置但不能正常使用或运行。
消防供电	27. 消防用电设备的供电负荷级别不符合规定。
	28. 消防用电设备未按规定采用专用的供电回路。
	29. 未按规定设置消防用电设备末端自动切换装置或不符合要求，装置不能正常自动切换。
火灾自动报警系统	30. 未按规定设置火灾自动报警系统。
	31. 火灾自动报警系统不能正常运行。
	32. 防烟排烟系统、消防水泵以及其他自动消防设施不能正常联动控制。
消防安全管理	33. 社会单位未按消防法律、法规要求设置专职消防队。
	34. 消防控制室值班人员未按规定持证上岗。
其他	35. 生产、储存场所的建筑耐火等级与其火灾危险性类别不相匹配，违反规定。
	36. 生产、储存、装卸和经营易燃易爆危险品的场所或有粉尘爆炸危险场所未按规定设置防爆电气设备和泄压设施，或防爆电气设备和泄压设施失效。
	37. 违反规定使用燃油、燃气设备，或燃油、燃气管道敷设和紧急切断装置不符合标准规定。
	38. 违反规定在可燃材料或构件上直接敷设电气线路或安装电气设备，消防配电线缆不合格。
	39. 违反规定在人员密集场所使用易燃、可燃材料装修、装饰。

符合下列条件应综合判定为重大火灾隐患：

（1）人员密集场所存在表 5－1 对应“安全疏散设施及灭火救援条件”中第 8～16项和“防烟排烟设施”（第 26 项）、“其他”中第 37 项规定的综合判定要素 3 条以上（含本数，下同）。

（2）易燃、易爆危险品场所存在表 5－1 对应“总平面布置”中第 1～3 项和

“消防给水及灭火设施”中第24、25项规定的综合判定要素3条以上。

(3）人员密集场所、易燃易爆危险品场所、重要场所存在表5-1规定的任意综合判定要素4条以上。

(4）其他场所存在表5-1规定的任意综合判定要素6条以上。

(四）火灾隐患的整改

1. 火灾隐患立即改正。对下列违反消防安全规定的行为及存在的火灾隐患，应当责成有关人员立即改正并督促落实，同时改正情况应当有记录并存档备查。

(1）消防设施、器材或者消防安全标志的配置、设置不符合要求或未保持完好有效的。

(2）损坏、挪用或者擅自拆除、停用消防设施、器材的。

(3）占用、堵塞、封闭消防通道、安全出口或者有其他妨碍安全疏散行为的。

(4）埋压、圈占、遮挡消火栓或者占用防火间距的。

(5）占用、堵塞、封闭消防车通道，妨碍消防车通行的。

(6）人员密集场所在门窗上设置影响逃生和灭火救援的障碍物的。

(7）常闭式防火门处于开启状态，防火卷帘下堆放物品影响使用的。

(8）违章进入易燃易爆危险物品生产、储存等场所的。

(9）违章使用明火作业或者在具有火灾、爆炸危险的场所吸烟、使用明火等违反禁令的。

(10）消防设施管理、值班人员和防火巡查人员脱岗的。

(11）其他违反消防安全管理规定的行为。

2. 火灾隐患限期整改。

(1）对不能当场改正消除的火灾隐患，消防工作归口管理职能部门或者专（兼）职消防管理人员，及时报告存在的火灾隐患，提出整改方案。消防安全管理人或者消防安全责任人应当确定整改的措施、期限以及负责整改的部门、人员，并落实整改资金。在火灾隐患未消除之前，隐患单位应当落实防范措施，保障消防安全。

(2）对于旅游与宗教活动场所确无能力解决的重大火灾隐患，应当提出解决方案并及时向上级主管部门或者当地人民政府报告。

(3）对责令限期改正的火灾隐患，旅游与宗教活动场所应当在规定的期限内整改，并写出火灾隐患整改复函，报送所属消防救援机构。

(4）对被消防救援机构依法责令停产停业、责令停止使用或被查封的，旅游与宗教活动场所应当立即停止火灾隐患所在部位或场所的各种经营活动，并继续做好火灾隐患整改工作。经整改具备消防安全条件的，由单位提出恢复使用、营业的书面申请。经消防救援机构检查确认已经改正消防安全违法行为，具备消防安全条件的，方可恢复使用、营业。

(5）火灾隐患整改完毕，整改单位应当将整改情况记录报送相应的消防安全工作责任人或者消防安全工作主管领导签字确认后存档备查。

第三节　消防安全宣传与教育培训

消防安全教育培训是一种有组织的消防知识传播的专业技术性活动。通过教育培训，向特定培训对象传授消防技能、消防标准、消防信息和消防理念，传递消防管理训诫行为，使其掌握从事本岗位工作必备的消防专业知识和技能。

一、消防安全宣传与教育培训的法定职责

旅游与宗教活动场所开展消防安全宣传与教育培训的法定职责，除《消防法》第6条和公安部令第61号第36条对此作了原则性规定外，公安部令第109号对其应履行的具体法定职责作了细化规定。

（一）对场所员工进行消防安全宣传与教育培训的法定职责

应当根据本场所的特点，明确机构和人员，保障教育培训工作经费，按照下列规定对有关人员进行消防安全宣传与教育培训：

1. 定期开展形式多样的消防安全宣传教育。
2. 对新上岗和进入新岗位的员工进行上岗前消防安全培训。
3. 消防安全重点单位对每名员工应当至少每年进行一次消防安全培训。
4. 消防安全重点单位每半年至少组织一次、其他单位每年至少组织一次灭火和应急疏散演练。

由2个以上单位管理或者使用的同一建筑物，负责公共消防安全管理的单位应当对建筑物内的单位和员工进行消防安全宣传教育，每年至少组织一次灭火和应急疏散演练。

（二）对公众开展消防安全宣传教育的法定职责

旅游与宗教活动场所应当按照下列要求对公众开展消防安全宣传教育：

1. 在安全出口、疏散通道和消防设施等处的醒目位置设置消防安全标志、标识等。
2. 根据需要编印场所消防安全宣传资料供公众取阅。
3. 利用场所内广播、视频设备播放消防安全知识。

二、消防安全宣传与教育培训的类别及对象

根据《消防法》和公安部令第61号的有关规定，旅游与宗教活动场所的下列对象应分别接受一般性和专门性消防安全宣传与教育培训。

（一）一般性消防安全宣传与教育培训及参加对象

一般性消防安全宣传与教育培训，是指单位自身结合本单位的火灾危险性和消防安全责任，组织开展的消防宣传与教育培训。属于一般单位的旅游与宗教活动场所，其参加对象是新上岗和进入新岗位的员工；属于消防安全重点单位的旅游与宗

教活动场所，其参加对象是在岗的每名员工。

（二）专门性消防安全教育培训及参加对象

专门性消防安全教育培训，是由消防救援机构或者其他具有消防安全培训资质的机构组织的专业消防安全知识和技能的培训。旅游与宗教活动场所的下列四类人员应接受专门性消防安全教育培训。

1. 单位的消防安全责任人、消防安全管理人。

2. 专（兼）职消防安全管理人员。

3. 消防控制室的值班人员、消防设施操作人员，应通过职业技能鉴定，持证上岗。

4. 消防设施检测、维保等执业人员，电工、电气焊工等特殊工种作业人员，消防志愿人员和保安员等其他依照规定应当接受消防安全专门培训的人员。

三、消防安全宣传与教育培训的目的及内容

（一）一般性消防安全宣传与教育培训的目的及内容

1. 目的。使单位员工熟悉基本消防法律、法规和规章制度，知晓消防工作法定职责，掌握消防安全基本知识和消防基本技能，以提高火灾预防、初起火灾处置及火场疏散逃生能力。

2. 内容。有关消防法规、消防安全制度和保障消防安全的操作规程，本单位、本岗位的火灾危险性和防火灭火措施，消防设施和灭火器材的操作使用方法，报火警、扑救初起火灾以及人员疏散逃生的知识和技能。具体实施时，其培训的内容按消防安全基本知识、消防法规基本常识、消防工作基本要求和消防基本能力训练四大方面内容进行。

（二）专门性消防安全教育培训的目的及内容

1. 目的。通过培训应熟悉基本的消防法律法规和有关标准，知晓消防工作法定职责，掌握消防安全基本知识。

（1）针对消防安全责任人、消防安全管理人和专职消防安全管理人员，还应重在掌握消防安全管理基本技能，提高检查消除火灾隐患、组织扑救初起火灾、组织人员疏散逃生和消防宣传教育培训能力。

（2）针对从事自动消防系统操作和消防安全监测人员的培训，还应重在掌握操作消防设施的基本技能，提高消防控制室值班人员管理水平和应急处置能力。

（3）针对从事电工、电气焊工等人员的培训，还应重在掌握电工、电气焊工等作业的消防安全措施及要求，提高预防和处置初起火灾能力。

（4）针对消防设施检测、维保等执业人员的培训，还应重在掌握相关国家工程建设消防技术标准，提高建筑消防设施施工、检测、监理和维修保养能力和水平。

（5）针对消防志愿人员的培训，还应重在掌握消防安全基本技能，提高防火安全检查、消防宣传、初起火灾处置和引导人员疏散的能力。

（6）针对保安员的培训，还应重在掌握消防安全管理要求，提高消防安全巡查、初起火灾扑救、引导人员疏散和消防宣传的能力。

2. 专门性消防教育培训的主要内容，包括消防安全基本知识、消防法规基本常识、消防工作基本要求和消防基本能力训练四个模块，而每一模块的具体内容，针对不同的培训对象而有所区别。

四、消防安全宣传与教育培训的形式

（一）消防安全宣传的形式

1. 借助媒体开展。开展消防安全宣传，可借助电视、广播、网站、电子显示屏和手机 APP 等媒介载体进行，其受众对象可以是员工也可以是公众。如客人入住酒店时，打开房间电视机，先看一段消防安全宣传电视短片，使其接受消防安全宣传教育；可利用手机 APP 向内部员工提供消防法律、法规、日常消防常识、消防安全讲座，将消防传递给每一个员工，防患于未然；可通过电子显示屏等向在场人员提示场所安全出口位置和疏散逃生路线，遇到火灾如何正确逃生自救等。总之，借助媒体是开展消防安全宣传的有效途径之一。

2. 利用培训基地开展。消防安全宣传与教育培训基地，是指建设有专用建筑物或相对固定设施的场所，如消防科普教育场馆、消防博物馆、消防体验馆、面向社会开放的消防站、消防宣传车等。通过参观这些基地传授消防安全知识，开展消防安全宣传，其生动直观、针对性、体验性、互动性、趣味性强，是收效较为显著的一种宣传形式。

3. 召开消防安全主题宣传活动。旅游与宗教活动场所应根据消防工作需要，结合该场所消防安全形势，可利用“119 消防日”、“5·12 防灾减灾日”和宗教节日、法定节假日等开展消防安全主题宣传活动，或通过召开消防安全教育会议形式，如定期组织召开消防安全形势分析会、消防安全现场会、消防奖惩会等方式，围绕一个主题，有针对性地对公众或单位员工进行消防安全宣传教育。

4. 设置流动式消防宣传栏。旅游与宗教活动场所可视具体情况，在旅游与宗教活动期间、“119 消防宣传日”，设置一些流动式消防宣传栏、墙画、宣传橱窗、海报，开展消防安全宣传，达到普及消防安全知识的目的。

5. 开发消防文化艺术作品。旅游与宗教活动场所可开发有关消防文化艺术作品宣传消防知识，常见的消防文化作品有：消防影视作品、消防文学作品、消防书画作品、防火游戏作品等。

（二）消防安全教育培训的形式

消防安全教育培训的形式是由消防安全教育培训的内容和对象决定的。通常分为：

1. 旅游与宗教活动场所自身组织的一般性消防教育培训形式。

（1）按培训方式不同划分：一是讲课式。主要是以办培训班的形式，在课堂上讲授消防安全知识。此方式是有计划进行消防安全教育培训的基本方式。如对成批的新员工入职进行消防安全教育多采用此种方式。二是会议式。主要有消防安全会议、专题研讨会和讲演会、火灾现场会等形式。如各级消防管理人员定期召开安全会议，以研究解决消防安全工作中的有关问题等。三是模拟演练式。主要是定期组织开展火场逃生自救等防火安全常识的模拟演练。

（2）按培训层次不同划分：一是单位级，新员工来单位报到后，首先给他们上消防安全知识课，介绍本单位的特点、重点部位、安全制度、灭火设施等，学会使用一般的灭火器材。二是部门级，新员工到部门后，还要进行部门一级的教育，介绍本部门的经营特点、具体的消防安全制度及消防设施器材分布情况等。三是岗位级，主要是结合新员工的具体工种，介绍操作中的防火知识、操作规程以及发现了事故苗头后的应急措施等。

2. 消防救援机构或社会培训机构等组织的消防安全专门性教育培训形式。为提高社会单位有关消防从业人员和特殊工种人员的消防安全素质，真正具备相应岗位任职资格，有效预防火灾和减少火灾危害，根据《大纲》的规定，按照理论和实践相结合的原则，根据培训内容不同，该类培训分为消防安全基本知识与消防工作基本要求的理论课形式培训以及消防基本能力训练的实操课形式培训。

五、消防安全宣传与教育培训活动的实施

（一）消防专题宣传教育活动的实施步骤和方法

1. 拟订消防宣传教育方案。包括以下步骤：确定主题、明确目的、确定内容、确定方式、编写方案文本。其内容主要包括主题和目的，地点与时间，主办方和承办方，教育的内容和开展方式，实施步骤以及时间分配，参加人员及分工，保障措施，活动期间突发事件处理措施等。将拟订的消防宣传教育方案报有关领导审批，同意后方可实施。

2. 活动前准备。主要包括人员组织、场地落实及时间安排，制定经费预算，对宣传活动所需经费进行细致分解、报领导审批，准备宣传资料、展板，印刷和制作，调集器材装备，确定资料、展板和宣传台运送时间。

3. 组织实施。主要包括对场地划线、营造氛围、按同意的消防宣传方案开展活动。

4. 后期工作。主要包括全面总结本次宣传教育活动，视情况发通报，对活动支出经费履行相关报销手续，整理活动相关图片、音像资料，并归档。

（二）讲课式和模拟演练式消防教育培训实施步骤及方法

1. 制订培训计划。该计划分为长期、短期和专项计划三类，其内容通常包括培训的宗旨、方针和目标，培训的对象和人数，培训的组织形式，培训的具体内容、课程设置及学时分配，培训时间和教学保障要求，考核、验收和评价方案等。

2. 编制教案。主要包括教学科目、教学目的、教学内容及重点、教学方法、

学时分配、教学要求及保障等。教案分为纸质教案和电子教案。纸质教案编写应内容完整、层次清晰、突出重点、文字简练、叙述准确、适用性强。电子教案包括PPT课件和多媒体课件。

3. 课堂授课。讲授时应做到重点突出，内容充实，案例恰当，语言生动，表达准确，评议精练，注重实效，提纲挈领，善于归纳。

4. 模拟演练。通过模拟演示、技术示范和实际操作使受训者掌握消防设施器材使用方法和操作技能。演示时要求模拟内容生动形象、接近实物或实战，技术示范时要求示范动作标准规范、突出要领，实际操作时要求落实训练安全措施，重点辅导和自我体验相结合。

第四节 举办大型群众性活动的消防安全管理

大型群众性活动，是指法人或者其他组织面向社会公众举办的每场次预计参加人数达到1000人以上的群体性活动，有体育比赛、演艺、展览等多种类型，游园、灯会、庙会、花会、焰火晚会等，是我们经常遇到的群众性活动。大型群众性活动有其特有的消防安全管理方式。

一、大型群众性活动特有的火灾危险性

大型群众性活动的种类不同、举办场地不同，显现出特有的火灾危险性。

1. 场地面积狭小，人员疏散困难。例如宗教活动场所，每逢宗教节日往往人满为患，教民信徒摩肩接踵，高峰时，人流密度能达到5～6人/m^2，而大多数宗教场所场地都很狭小，一旦发生火灾，势必导致人群不能及时疏散而造成群死群伤火灾事故。

2. 人员多且密集。例如举办灯会，在高峰时可以达到几十万人，人流密度能达到5人/m^2以上，一旦发生拥挤或火灾事故，势必造成大量人员伤亡事故。例如2004年2月5日晚7时45分，在北京密云县密虹公园灯展发生人潮过于拥挤踩死人的惨剧，事故发生在公园内的一座拱桥，该桥是观灯的一个最佳地点，如图5－1所示，事故造成37人死亡。

图5－1 北京密云县密虹公园灯展“2·5”拥挤踩踏事件

3. 电气设备多，临时用电量大。例如，在举办灯会期间用电量巨大，一组灯占地几十平方米到几百平方米，用电量要达到几十甚至上百千瓦。一个灯会几十组甚至上百组灯加在一起，用电负荷往往会达到很高的数值。另外在演出过程中，舞台需临时安装使用许多照明灯和效果灯，其耗电量极大，如果安装使用不当，或者三相用电分配不平衡，引起局部过载，使电气线路发热，绝缘老化损坏，导致短路、漏电而引发火灾。

4. 监管难以到位，引发火灾的可能性大。例如，灯具与可燃布景（幕布）的距离过近，极易因高温烘烤而引发火灾；移动灯具的插头、插座，如果接触不良，会产生接触电阻过大而引发火灾；还有增强演出效果用的干冰机、发烟机等，后台服装、化妆间使用的电吹风、电熨斗等高温发热设备，如果设置地点不当，也容易诱发火灾；大多数展览使用的布景材料一般都是可燃材料，一旦发生短路、过负荷现象极易引发火灾。

二、大型群众性活动期间的消防安全责任

大型活动的主办单位、承办单位以及提供场地的单位，应当明确并履行好各方的消防安全责任，以确保活动场所和各项活动的消防安全。

（一）举办大型群众性活动承办单位的安全责任

大型群众性活动的承办者对其承办活动的安全负责，承办者的主要负责人为大型群众性活动的安全责任人。

1. 制订大型群众性活动安全工作方案。大型群众性活动安全工作方案包括下列内容：

（1）活动的时间、地点、内容及组织方式。

（2）安全工作人员的数量、任务分配和识别标志。

（3）活动场所消防安全措施。

（4）活动场所可容纳的人员数量以及活动预计参加人数。

（5）治安缓冲区域的设定及其标识。

（6）入场人员的票证查验和安全检查措施。

（7）车辆停放、疏导措施。

（8）现场秩序维护、人员疏导措施。

（9）应急救援预案。

2. 负责有关安全事项。承办者具体负责下列安全事项：

（1）落实大型群众性活动安全工作方案和安全责任制度，明确安全措施、安全工作人员岗位职责，开展大型群众性活动安全宣传教育。

（2）保障临时搭建的设施、建筑物的安全，消除安全隐患。

（3）按照负责许可的公安机关的要求，配备必要的安全检查设备，对参加大型群众性活动的人员进行安全检查，对拒不接受安全检查的，承办者有权拒绝其

进入。

（4）按照核准的活动场所容纳人员数量、划定的区域发放或者出售门票。

（5）落实医疗救护、灭火、应急疏散等应急救援措施并组织演练。

（6）对妨碍大型群众性活动安全的行为及时予以制止，发现违法犯罪行为及时向公安机关报告。

（7）配备与大型群众性活动安全需要相适应的专业保安人员以及其他安全工作人员。

（8）为大型群众性活动的安全工作提供必要的保障。

（二）大型群众性活动的场所管理单位的安全责任

1. 保障活动场所、设施符合国家安全标准和安全规定。

2. 保障疏散通道、安全出口、消防车通道、应急广播、应急照明、疏散指示标志符合法律、法规、技术标准的规定。

3. 保障监控设备和消防设施、器材配置齐全、完好有效。

4. 提供必要的停车场地，并维护安全秩序。

（三）参加大型群众性活动的人员的安全责任及义务

1. 遵守法律、法规和社会公德，不得妨碍社会治安、影响社会秩序。

2. 遵守大型群众性活动场所治安、消防等管理制度，接受安全检查，不得携带爆炸性、易燃性、放射性、毒害性、腐蚀性等危险物质或者非法携带枪支、弹药、管制器具。

3. 服从安全管理，不得展示侮辱性标语、条幅等物品，不得围攻裁判员、运动员或者其他工作人员，不得投掷杂物。

三、消防安全管理

（一）申请安全许可

《消防法》第20条规定，举办大型群众性活动，承办人应当依法向公安机关申请安全许可。一般要求承办人在活动举办日的20日前提出安全许可申请，需提交下列材料：

1. 承办者合法成立的证明以及安全责任人的身份证明。

2. 大型群众性活动方案及其说明，2个或者2个以上承办者共同承办大型群众性活动的，还应当提交联合承办的协议。

3. 大型群众性活动安全工作方案。

4. 活动场所管理者同意提供活动场所的证明。

依照法律、行政法规的规定，有关主管部门对大型群众性活动的承办者有资质、资格要求的，还应当提交有关资质、资格证明。

（二）必须具备的消防安全条件

举办具有火灾危险的大型群众性活动时，承办单位应当具备下列消防安全条件：

1. 制订了灭火和应急疏散预案并组织了演练。

2. 明确了消防安全责任分工，并确定了消防安全管理人员。

3. 活动现场消防设施、器材配备齐全并完好有效。

4. 活动现场的疏散通道、安全出口和消防车通道畅通。

5. 活动现场的疏散指示标志和应急照明符合消防技术标准和管理规定。

（三）接受消防安全检查

通常在大型群众性活动举办前消防救援机构在接到本级公安机关治安部门书面通知之日起3个工作日内对活动现场进行消防安全检查，重点检查下列内容：

1. 室内活动使用的建筑物（场所）是否依法通过消防验收或者进行竣工验收消防备案，公众聚集场所是否通过使用、营业前的消防安全检查。

2. 临时搭建的建筑物是否符合消防安全要求。

3. 是否制订灭火和应急疏散预案并组织演练。

4. 是否明确消防安全责任分工并确定消防安全管理人员。

5. 活动现场消防设施、器材是否配备齐全并完好有效。

6. 活动现场的疏散通道、安全出口和消防车通道是否畅通。

7. 活动现场的疏散指示标志和应急照明是否符合消防技术标准和管理规定并完好有效。

（四）活动现场消防安全保卫

举办大型群众性活动现场消防安全保卫，包括现场防火保卫和现场灭火保卫两种。

1. 现场防火保卫。承办单位现场防火巡查组主要在活动举行现场重点部位进行巡查，及时发现和制止各类不确定性因素产生的火灾隐患，协调当地消防救援机构工作人员对活动现场进行消防安全检查。要按照预案要求确定现场保卫人员数量、工作中心点和巡逻范围。

承办者发现进入活动场所的人员达到核准数量时，应当立即停止验票；发现持有划定区域以外的门票或者持假票的人员，应当拒绝其入场并向活动现场的管理机关工作人员报告。

2. 现场灭火保卫。承办单位现场灭火保卫人员主要在舞台、大功率电器使用点和消火栓等水源供给点等容易产生火灾的重大危险源和消防专用设施点进行定点守护，用随身携带的消防器材装备，快速将发现的火灾消灭在萌芽阶段，避免火灾蔓延扩大；外围流动保卫人员主要是在活动举办期间对活动举办地主要通道、重大危险源等进行有针对性的流动巡逻，及时发现、消灭初起火灾，并做好活动举办场所应急救援准备工作，最大限度确保活动举办安全。

第五节　消防档案建设与管理

消防档案是单位在消防安全管理工作中，直接形成的文字、图表、声像等记载和反映单位消防安全基本情况和消防安全管理过程，按归档制度集中保管起来的文书及其相关材料。消防档案是单位消防安全管理工作的一项基础性工作，建立健全消防档案，有利于强化单位消防安全管理工作的责任意识，推动消防安全管理工作的规范化、制度化。

一、消防档案种类及内容

消防档案分为消防安全基本情况档案和消防安全管理情况档案两大类。

（一）消防安全基本情况档案

消防安全基本情况档案，主要包括以下卷宗和内容：

1. 单位基本概况和消防安全重点部位情况卷。

2. 消防管理组织机构和各级消防安全责任人卷。

3. 消防安全制度卷。

4. 消防设施情况卷（主要包括消防设施平面布置图、系统图、灭火器材配置等原始技术资料、消防设施主要组件产品合格证明材料、系统使用说明书、系统调试记录等材料）。

5. 志愿消防队人员及其消防装备配备情况卷。

6. 与消防安全有关的重点工种人员情况卷。

7. 新增消防产品、防火材料的合格证明材料卷。

8. 灭火和应急疏散预案卷。

（二）消防安全管理情况档案

消防安全管理情况档案，主要包括以下卷宗和内容：

1. 政府消防救援机构填发的各种法律文书卷。内容主要包括消防行政许可、消防监督检查、消防行政处罚、消防行政强制、火灾事故调查等法律文书。

2. 消防设施维护管理卷。内容主要包括消防设施定期检查记录、自动消防设施全面检查测试的报告以及维修保养的记录。

3. 火灾隐患卷。内容主要包括火灾隐患及其整改情况记录（应当记明检查的人员、时间、部位、内容、发现的火灾隐患以及处理措施等）。

4. 防火巡、检查卷。内容主要包括防火检查、巡查记录（应当记明检查的人员、时间、部位、内容）等。

5. 有关燃气、电气设备检测卷。内容主要包括有关燃气、电气设备检测（包括防雷、防静电）等记录资料（应当记明检查的人员、时间、部位、内容、发现的隐患以及处理措施等）。

6. 消防安全培训卷。内容主要包括消防安全培训记录（应当记明培训的时间、参加人员、内容等）。

7. 灭火和应急疏散预案的演练卷。内容主要包括灭火和应急疏散预案的演练记录（应当记明演练的时间、地点、内容、参加部门以及人员等）。

8. 火灾情况记录卷。

9. 消防奖惩情况记录卷。

二、消防档案的建设

（一）纸质消防档案的建设

1. 建设要求。

（1）旅游与宗教活动场所属于消防安全重点单位及火灾高危单位的，应当建立全部纸质消防档案；旅游与宗教活动场所属于一般单位的，应当将本单位的基本概况、消防救援机构填发的各种法律文书、与消防工作有关的材料和记录等统一保管备查。

（2）消防档案应当翔实、全面反映单位消防工作的基本情况，并附有必要的图表、视听资料等。

（3）单位消防安全基本情况等有变化时，应及时更新消防档案内容。

（4）应根据《消防安全重点单位档案》范本，统一封面、统一归档内容、统一档案制作标准，建立纸质消防档案。

2. 建立步骤及其立卷。

（1）材料收集。旅游与宗教活动场所消防安全管理人员或档案管理人员，应按照有关要求和格式，将日常消防安全管理工作中形成的分散档案材料收集、汇总起来。

（2）材料鉴定。对收集上来的档案材料，进行归档前的检查，检查其是否完整，判断材料是否属于消防档案内容，是否需保存。

（3）材料整理与立卷。将收集并经过鉴定的材料，按一定的规则、方法和程序、装订顺序，进行分类、排列、登记目录和装订，使之成为消防档案卷宗。

（二）电子消防档案的建立

电子消防档案的建立，主要依托“社会单位消防安全户籍化管理系统”来完成。通过该系统可建立单位基本情况、消防安全管理制度及职责、消防组织机构及人员、建筑及消防设施和消防工作记录五大类消防安全基础档案信息库，并用于提供消防安全管理人员、消防设施维护保养、消防安全自我评估三项消防安全报告备案等情况，以实现社会单位消防安全状况的动态管理和消防档案电子化网络管理。

1. 建立电子消防档案的有关要求。

（1）根据《社会单位消防安全户籍化管理系统使用规则》（公消〔2013〕101号）规定，属于消防安全重点单位的旅游与宗教活动场所以及非消防安全重点单位的旅游与宗教活动场所有条件时，除依法建立纸质消防档案外，应依托“社会单位消防安全户籍化管理系统”建立本单位的电子消防档案。

（2）按消防安全户籍化管理系统各模块，如实、完整地采集和录入：单位基本情况、建筑及消防设施信息、单位负责消防工作的机构及人员、消防安全管理制度以及灭火和应急疏散预案等情况；发生火灾的，应及时录入火灾及调查处理情况。

（3）按下列要求录入单位日常消防安全管理情况：设有自动消防系统的单位，每日录入一次消防设施运行情况和消防值班情况；每日录入一次防火巡查情况，并如实录入发现隐患及处理情况；每月录入一次防火检查情况，并如实录入发现隐患和整改情况。

（4）按下列要求录入单位消防安全宣传教育培训情况：新上岗和进入新岗位员工的上岗前消防安全培训情况；每半年录入一次对员工组织的消防安全培训情况。

（5）每半年至少录入一次消防演练情况。

（6）通过该系统向消防救援机构报告备案下列工作：单位的消防安全责任人、消防安全管理人、专（兼）职消防管理人员、消防控制室值班操作人员等消防安全管理人员；每月报告备案一次消防设施维保和设备运行情况。不具备维护保养和检测能力的单位，应当委托具有资质的机构进行维护保养和检测，并自维护保养合同签订起 5 个工作日内将维护保养合同录入；单位按照消防安全“四个能力”建设标准进行自我评估情况，应当每季度报告备案一次。

2. 电子消防档案建立过程及步骤。消防档案管理员首先根据消防救援机构提供的初始账号，登录消防安全户籍化管理系统，为本单位其他系统使用人员创建账号并设置相应级别信息，然后按以下环节来建立。

（1）单位基本情况的电子消防档案建立。

①录入并完善单位基本信息。进入单位基本情况页面，如实、完整地录入和完善单位基本情况信息。

②设置消防安全制度。进入消防安全管理制度页面，单位根据实际情况勾选相应制度，并报消防救援机构审核确认，然后录入已制定的有关消防安全管理制度具体内容。

③设置消防安全岗位职责。进入消防安全岗位职责页面，单位根据实际情况勾选相应岗位职责，并报消防救援机构审核确认，然后录入已确定的消防安全岗位职责具体内容。

④录入消防组织机构及人员情况信息。添加录入消防安全责任人、消防安全管理人、消防控制室值班人员、消防设施操作人员、专兼职消防管理人员的相关详细信息，生成备案表，并报消防救援机构备案。

⑤完善和确认本单位管理建筑的情况。若本单位为建筑管理单位，应完善和确

认本单位管理建筑基本信息、确认建筑消防设施信息、完善建筑消防行政许可情况等。

⑥完善消防安全重点部位信息。进入消防安全重点部位信息维护页面，添加或完善消防安全重点部位信息。

⑦核对单位入驻情况。进入单位入驻情况页面，核对本单位的入驻情况。

⑧管理维护企业维保合同信息。进入企业维保合同维护页面，添加单位维保合同信息，并发送至合同另一方进行确认，待合同双方确认后系统将自动报消防救援机构备案。

（2）单位开展消防安全管理工作记录的电子档案建立。

①每日工作记录电子档案。包括一是防火巡查。进入管理系统相应页面，录入每日防火巡查记录。二是消防控制室值班。进入管理系统相应页面，添加消防控制室每日值班记录、值班情况信息、火灾报警器日常检查情况信息。

②每月工作记录电子档案。包括一是消防设施维护保养报告备案。消防设施维护保养工作完成后，进入设施保养备案列表页面，添加维护保养记录，并发送给消防监督部门备案。二是消防安全自我评估的报告备案。每季度消防安全自我评估工作完成后，进入自我评估列表页面，添加上季度自我评估情况，并提交备案。

③其他日常工作记录电子档案。包括单位消防安全管理人员变更情况信息；维保合同到期或更换维保企业信息；定期组织员工进行消防安全户籍化在线考试记录；火灾隐患整改情况信息；消防设施存在问题的火灾隐患整改信息。

三、消防档案的管理

（一）消防档案管理人员的职责

1. 消防安全责任人及管理人的职责。旅游与宗教活动场所的消防安全责任人、消防安全管理人是本单位消防档案管理第一责任人，应当履行下列职责，并根据需要，单位消防安全责任人及管理人可以明确由分管负责人具体组织实施消防档案的管理工作。

（1）组织建立健全执法档案管理制度，落实人员、经费、场所、设施；

（2）组织检查、鉴定、销毁档案。

2. 档案管理人员的职责。档案管理人员应当履行下列职责：

（1）指导消防工作归口管理职能部门的专职或者兼职消防管理人员对案卷材料立卷、归档；

（2）接收移交的消防档案，履行检查、签收手续；

（3）按规定对消防档案进行分类、编号和存放；

（4）做好消防档案的收进、借阅、移出、销毁等情况登记和台账管理工作；

（5）不得擅自销毁、涂改或伪造档案，严防丢失、损毁；

（6）离岗时，应当移交全部消防档案和台账，办理工作交接手续。

3. 专职或者兼职消防管理人员的职责。

（1）对所承办的消防安全管理活动的有关资料进行收集、整理。严禁弄虚作假、私自留存或损毁案卷材料。

（2）应当在消防安全管理活动完结后规定的日期内立卷、归档并移交档案室（柜）。

（3）消防档案归档内容中有声像材料的，应当按有关案卷装订顺序要求在卷内相应位置列明，并随案卷一并归档、移交。

（4）调离本岗位时，移交所承办或保存的案卷材料。

（二）消防档案管理要求

1. 管理方式。消防档案应实行由单位设立消防档案室或专柜、确定专门机构或人员集中统一管理的方式。并且要建立健全档案管理制度，建立消防档案台账，落实档案管理措施。

2. 管理要求。

（1）建立消防档案台账，落实档案管理措施，保证档案的真实、完整、有效和安全。

（2）消防档案应当做到归档材料齐全完整，制作规范，字迹清楚，不能涂改勾画，并采用具有长期保留性能的笔、墨水书写或打印。

（3）卷内材料，除卷内文件目录、备考表、空白页、作废页外，应在正面右上角和反面左上角用铅笔逐页编写阿拉伯数字页号。

（4）消防档案保管要妥善，防止遗失或损毁。特别是对录音带、录像带等电子数据存储介质，存放时应符合防潮、隔热等要求。电子消防档案要适时或定期进行备份，防止因病毒感染、计算机损坏等造成档案灭失。

（5）消防档案要按照档案形成的环节、内容、时间、形式的异同，分类型、层次和顺序进行案卷编目和排列。

（三）消防档案保管期限

1. 永久保存。消防刑事档案应为永久保存。

2. 长期保存。长期保存期限为 16 年至 50 年。下列档案应长期保存：申请消防行政许可的档案、申报建设工程消防设计备案卷和验收消防备案卷、接受火灾事故调查的档案、受到消防行政处罚的档案、受到消防行政强制的档案、申请消防行政救济的档案。其中较大以上火灾事故调查的案卷，其保存期限为 50 年。

3. 短期保存。短期保存期限为 2 年至 15 年。下列档案为短期保存：防火检查卷、火灾隐患卷、消防设施维护保养卷、燃气与电气设备检测卷、消防安全培训卷、灭火和应急疏散预案的演练卷、消防奖惩情况卷等。其中：消防控制室值班记录表和建筑消防设施巡查记录表的存档时间不少于 1 年；建筑消防设施检测记录表、建筑消防设施故障维修记录表、建筑消防设施维护保养计划表、建筑消防设施维护保养记录表和灭火器维修记录以及认定为重大火灾隐患的档案、接受火灾事故简易调查的案卷，其保存期限不少于 5 年。

思考题

1. 消防安全制度建设包括哪些内容？
2. 制定消防安全制度的基本要求是什么？
3. 什么是防火巡查？防火巡查的主要内容有哪些？
4. 什么是防火检查？防火检查的主要内容有哪些？
5. 存在哪些问题可直接确定为火灾隐患？
6. 哪些火灾隐患应立即改正？
7. 消防宣传教育培训有何意义？主要内容有哪些？
8. 消防宣传教育培训有哪几种形式？
9. 承办单位制定大型群众性活动消防安全工作方针应有哪些内容？
10. 怎样才能做好消防档案建设工作？

第六章　旅游与宗教活动场所消防应急救援

为最大限度地减少火灾事故造成的人员伤亡和财产损失，旅游与宗教活动场所的各类人员要具备初起火灾的处置能力，会报警、会救人、会逃生、会灭火。单位要定期组织员工开展有针对性的火灾报警、火场疏散逃生和初起火灾扑救的消防演练，防患于未然。

第一节　火灾报警

及时报告火警，对于减少火灾损失有很大的影响。《消防法》第 44 条规定，任何人发现火灾都应当立即报警。任何单位、个人都应当无偿为报警提供便利，不得阻拦报警。严禁谎报火警。

一、向国家综合性消防救援机构报火警

向国家综合性消防救援机构报火警的电话是“119”。报火警时，必须讲清以下内容：

1. 起火单位和场所的详细地址，包括单位和场所及建筑物和街道名称，门牌号码，靠近何处、并说明起火部位及附近的明显标志等。

2. 火灾基本情况，包括起火的场所和部位、着火的物质、火势的大小，是否有人员被困等，火场有无化学危险源，以便消防部门根据情况派出相应的灭火车辆。

3. 报警人姓名、单位及电话号码。

二、报警和接警的处置程序

一旦发现火情，应该谁先发现谁先报警，按预先制定的程序进行。

1. 消防控制室值班人员的处置程序。

（1）接到火灾警报后，以最快方式确认（如通知巡逻保安员迅速前往报警现场核实）。

（2）火灾确认后，立即确认火灾报警联动控制开关处于自动状态，同时拨打

“119”报警。

（3）立即启动内部灭火和应急疏散预案，同时报告消防安全责任人或单位负责人。

2. 保安巡逻人员或现场员工发现火情，应立即按动附近手动报警器，或利用通信工具（消防电话、对讲机和手机等）、喊话向值班室或有关领导报警，同时拨打“119”向消防救援机构报警。

第二节　初起火灾扑救

《消防法》第5条规定：任何单位和成年人都有参加有组织的灭火工作的义务。火灾处于初起阶段，是扑救的最好时机，因此，掌握扑灭初起火灾的知识和技能十分必要。

一、指导思想和基本原则

（一）初起火灾扑救的指导思想

扑救旅游与宗教活动场所初起火灾时，其指导思想是坚持“救人第一、科学施救”，即要求当火场有遇到受火势被困的人员，旅游与宗教活动场所的专兼职消防人员、微型消防站人员或志愿消防员、专职消防队等，应当立即组织营救受困人员，使其疏散到安全区域。注意运用这一原则，要根据火势情况和人员受火势威胁的程度而定。当灭火力量较强时，灭火和救人可以同时进行，但绝不能因灭火而贻误救人时机。人未救出之前，灭火是为了打开救人通道或减小火势对人员威胁程度，从而更好地为救人创造条件。

（二）初起火灾扑救的基本原则

扑救初起火灾时，应遵循“先控制后消灭，先重点后一般”的基本原则。

1. 先控制后消灭。对于不能立即扑灭的火灾，首先要控制火势的继续蔓延扩大，在具备了扑灭火灾的条件时，再展开全面进攻，一举消灭。应根据火情和自身战斗能力灵活把握“先控制后消灭”这一原则，能扑灭的火灾，要抓住战机，迅速消灭；发现有易燃易爆危险物品受到火势威胁时，应迅速组织人员将易燃易爆危险物品转移到安全地点；当火势较大，灭火力量相对薄弱，或因其他原因不能立即扑灭时，就要把主要力量放在控制火势发展或防止爆炸、泄漏等危险情况发生上，为消防队到场作战赢得时间，为彻底扑灭火灾创造有利条件。

2. 先重点后一般。要全面了解并认真分析火场的情况，人和物相比，救人是重点；贵重物资与一般物资相比，保护和抢救贵重物资是重点；火场上的下风方向与上风、侧风方向相比，下风方向是重点；可燃物集中区域与可燃物较少的区域相比，可燃物集中区域是保护重点；要害部位与其他部位相比，要害部位是火场上的重点；优先处置有爆炸、毒害、倒塌危险的区域。

二、灭火的基本方法

灭火的基本方法主要有冷却法、隔离法、窒息法和化学抑制法等，其原理是破坏已经形成的燃烧条件。采用哪种灭火方法，应根据燃烧物质的性质、燃烧特点和火场的具体情况以及消防装备的性能进行选择。

（一）冷却灭火法

冷却灭火法是通过降低燃烧物的温度，使其温度下降到物质的燃点或闪点以下。对于可燃固体，用水扑救，将其冷却到燃点以下，火灾即可扑灭。对于可燃液体，将其冷却到闪点以下，燃烧反应就会中止。

（二）隔离灭火法

隔离灭火法是将火源周边的可燃物质进行隔离，中断可燃物质的供给，使火势不能蔓延。发生火灾时，搬走火源周边的可燃物，拆除与火源相连接或毗邻的建筑，迅速关闭输送可燃液体或可燃气体的管道阀门，切断流向着火区的可燃液体或可燃气体的输送等，都属于隔离灭火法。

（三）窒息灭火法

窒息灭火法是通过减少燃烧区的氧气量，使可燃物无法获得足够氧化剂助燃而停止燃烧。因为可燃物的燃烧是氧化作用，需要在最低氧浓度以上才能进行，低于最低氧浓度，燃烧不能进行，火灾即被扑灭。一般氧浓度低于15%时，就不能维持燃烧。

（四）化学抑制灭火法

化学抑制灭火法是使灭火剂参与到燃烧反应过程中，中断燃烧的链式反应。该方法灭火速度快，使用得当可有效地扑灭初起火灾，减少人员伤亡和财产损失。抑制法灭火对于有焰燃烧火灾效果好，但对深位火灾，由于渗透性较差，灭火效果不理想。

三、常用消防器材的操作使用

（一）灭火器的操作使用

1. 手提式灭火器的操作使用。以操作干粉灭火器为例，先把灭火器上下颠倒几次，使筒内干粉松动，然后将灭火器从设置点提至距离燃烧物5m左右处，拔下保险销，一手握住开启压把，另一手握住喷筒，对准火焰根部，用力压下灭火器鸭嘴，灭火剂喷出灭火。随着喷射距离的缩短，操作者应逐渐向燃烧物靠近，如图6－1所示。操作二氧化碳灭火器时，手一定要握在喷筒木柄处，接触喷筒或金属管要佩戴防护手套，以防局部皮肤冻伤。

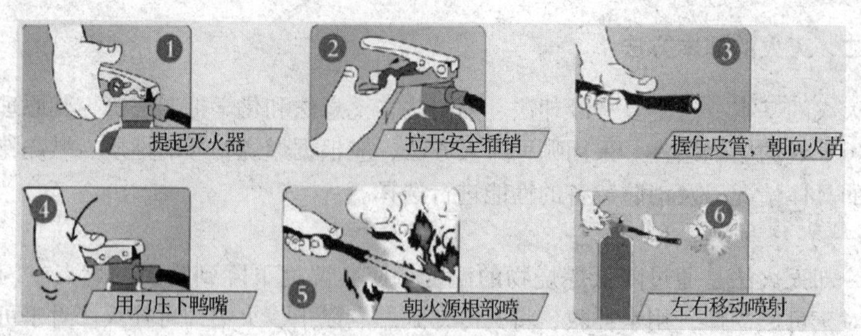

图 6－1　手提式干粉灭火器操作示意图

2. 推车式灭火器的操作使用。推车式干粉灭火器需两人操作，一人应将灭火器迅速拉或推到距火源 5～8m 处放稳，然后拔出保险销，迅速旋转手轮或按下阀门到最大开度位置打开钢瓶；另一人取下喷枪，展开喷射软管，然后一只手握住喷枪枪管，将喷嘴对准火焰根部，另一只手扣动扳机，灭火剂喷出灭火；喷射时沿火焰根部喷扫推进，直至把火扑灭；灭火后，放松手握开关压把，开关即自行关闭，喷射停止，同时关闭钢瓶上的启闭阀，如图 6－2 所示。

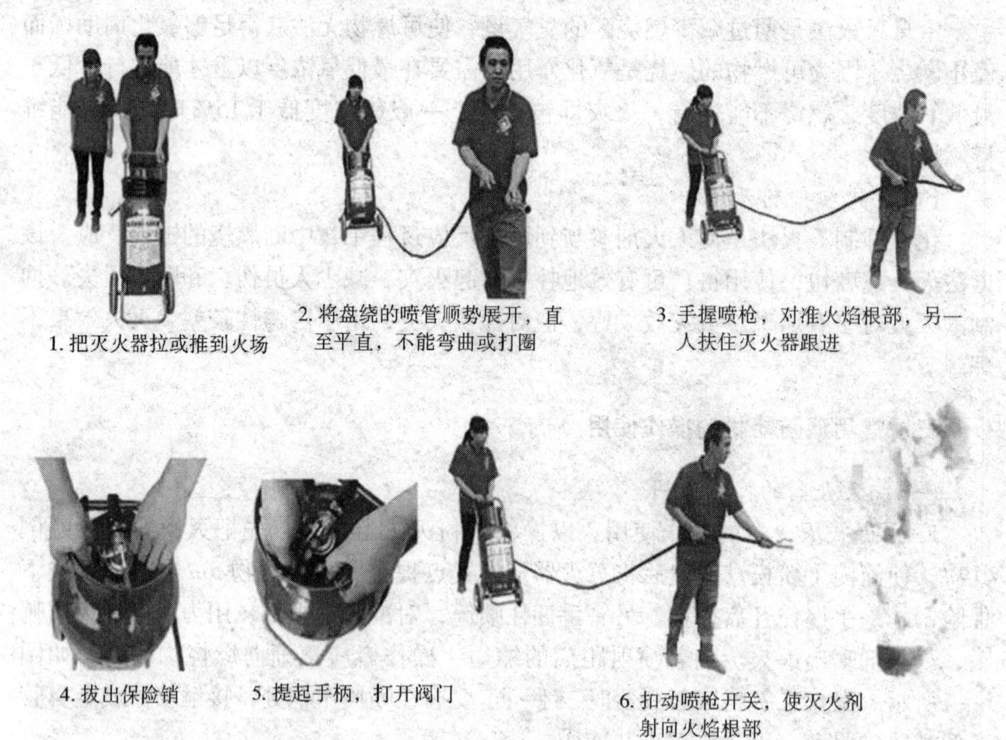

图 6－2　推车式干粉灭火器操作示意图

（二）灭火毯的操作使用

灭火毯由不燃织物编织而成，利用窒息原理，通过覆盖燃烧物隔绝空气实现灭火，适用于扑灭初起小面积火灾。操作方法如下：平时将灭火毯固定或放置于比较显眼且能快速拿取的墙壁上或抽屉内，使用时双手握住手持件将灭火毯展开，作为盾牌状拿在手中，然后将灭火毯轻轻地覆盖在着火物体上，同时切断电源或气源，持续覆盖直至着火物体完全熄灭，如图 6－3 所示。待火焰熄灭、灭火毯冷却后，将毯子裹成一团处理。

图 6－3　灭火毯的操作示意图

（三）室内消火栓的操作使用

打开消火栓箱门，按下箱内火灾报警按钮，取出水枪，拉出水带，把水带接口一端与消火栓接口连接，另一端与水枪连接，展（甩）开水带，把室内消火栓手轮顺着开启方向旋开，同时紧握水枪，通过水枪产生的射流实施灭火，如图 6－4 所示。灭火完毕后，关闭室内消火栓及所有阀门，将水带置于阴凉干燥处凉干后，按原水带安置方式置于消火栓箱内。

图 6－4　室内消火栓操作示意

（四）手动火灾报警按钮的操作方法

手动火灾报警按钮的作用是确认火情和人工发出火警信号，当按下按钮 3～5s 时，手动火灾报警按钮上的火警确认灯会点亮，表示火灾报警控制器已经收到火警信号，并且确认了现场位置。可复位报警按钮使用时，推入报警按钮的玻璃触发报警，火警解除后可用专用工具进行复位。玻璃破碎报警按钮使用时，击碎玻璃触发报警。

四、扑救初起火灾的程序和措施

旅游与宗教活动场所发生火灾后，火场指挥部、各行动小组应迅速集结，按照灭火和应急疏散预案中的职责分工，进入相应位置，展开扑救行动。

（一）第一灭火战斗力量的形成及处置程序

起火部位现场员工应当于1min内形成灭火第一战斗力量，按如下程序进行处置：

1. 第一发现火情的员工立即呼叫报警，在火灾报警按钮或报警电话附近的员工按下火灾报警按钮或拨打“119”电话，向消防控制室或单位值班人员报警。

2. 灭火器材、设施附近的员工利用现场灭火器、消火栓等器材、设施灭火。

3. 安全出口或通道附近的员工负责引导人员疏散。

（二）第二灭火战斗力量的形成及处置程序

火灾确认后，旅游与宗教活动场所消防控制室或值班人员应立即启动灭火和应急疏散预案，在3min内形成灭火第二战斗力量，并按如下程序进行处置：

1. 通信联络组按照灭火和应急疏散预案要求，迅速通知预案涉及的微型消防站或专职消防队赶赴火灾现场，并随时向火场指挥员报告火灾情况，将火场指挥员的指令下达有关人员，并与消防救援队保持密切联络。

2. 灭火行动组根据火灾情况利用本场所的消防设施、器材，扑救初起火灾。

3. 疏散引导组按分工组织引导现场员工进行疏散逃生。

4. 安全救护组负责协助抢救、护送受伤人员；现场警戒组阻止无关人员进入火场，维持火场秩序。

（三）第三灭火战斗力量的形成及处置程序

随着火势的进一步扩大，在消防救援队到达火灾现场后形成灭火救援的第三战斗力量，第二战斗力量应协助第三战斗力量工作，如旅游与宗教活动场所相关部位人员负责关闭空调系统和燃气总阀门，切断部分电源，及时疏散易燃易爆化学危险物品及其他重要物品。

五、常见物质和场所的火灾扑救

（一）电器设备火灾扑救

电器设备发生火灾，在扑救时应遵守“先断电，后灭火”原则。如果情况危急需带电灭火，可用干粉灭火器、二氧化碳灭火器灭火，或用灭火毯等不透气的物品将着火电器包裹，让火自行熄灭。千万不要用水或泡沫灭火器扑救，防止触电伤亡事故。若起火电器周围有可燃物，在场人员应及时将起火点周围的可燃物品搬移开，以防止燃烧面积扩大。

（二）密闭房间火灾扑救

当发现密闭房间的门缝冒烟，切不可贸然开门。应通过手摸门把等方式，初步确认内部情况，再决定是否开门，开门时应注意自身安全，切不可直接正对门口，以防止轰燃伤人。

（三）厨房火灾扑救

1. 当遇有可燃气体从灶具或管道、设备泄漏时，应立即关闭气源（关闭角阀或开关）、熄灭所有火源，同时打开门窗通风。

2. 当发现灶具有轻微的漏气着火现象时，应立即断开气源，并用少量干粉洒向火点灭火，或用湿抹布捂闷火点灭火。

3. 当油锅因温度过高发生自燃起火时，首先应迅速关闭气源熄灭灶火，然后开启手提式灭火器喷射灭火剂扑救，也可将锅盖盖上即可灭火。如果厨房里有切好的蔬菜，可沿着锅的边缘倒入锅内，使着火烹饪物降温、窒息灭火，切忌不要用水流冲击灭火。

（四）森林火灾扑救

1. 灭火的基本原则。

（1）把小火当大火打。森林火灾由于受到各种因素影响，火势的发展变化难以预料。因此，每战都要把小火当大火打，必须派出足够兵力，力争一举将火消灭。

（2）打早、打小、打了。其中关键是打早，早准备，早发现，才能在小火时就打，及时将火打“了”，才能防止复燃。

2. 扑灭森林火灾的方法。

（1）直接灭火法。利用各种有利的时机和条件，直接扑灭正在燃烧的火焰。它适用于扑救弱度和中等强度的地表火，具体方式：扑打法，用阔叶树枝条或用树枝编成扫帚，沿火场两侧边缘向前扑打。扑打时须轻拉重压，避免带起火星；扑打方向不要上下垂直，应从火的外侧向内斜打，一打一拖；可以组织3～5人为一组，对准火焰同时打落，同时抬起，统一行动。适用于扑灭初发火，处于3级风以下气象条件的林火。土埋法，地面枯枝落叶层较厚，杂草灌木很多，林木燃烧猛烈，靠人力扑打不易灭火时，可使用土埋法，用铁锹挖取疏松的沙土压灭火焰。使用灭火剂，如火场附近有水或其他灭火剂，可用水（或灭火剂）扑救。

（2）间接灭火法。此法是在林火向前推进的前方开设隔火带，造成森林可燃物不能继续燃烧的条件，将林火损失控制在一定范围内。目前，在灾害性天气条件下，对发生强烈燃烧的地表火、树冠火和地下火，常采用此法。具体方法：挖沟，一直挖到矿物土层以下20cm，可阻止地表火蔓延。开设生土带，生土带的宽度须在10m以上，当大风天气，林区已形成急进型地表火和猛烈的树冠火时，生土带的宽度一般要在50m以上。以火灭火，在万不得已的情况下，以道路、河流或防火障碍物等作为控制线，沿控制线逆风点火，使火逆风烧向火场，遇到火头后，两火相拼，即可将火控制熄灭。

（3）清理暗火的方法。边打边清理，前边打明火，后面紧跟着清暗火。分段负责反复清理，重点清理之后，把灭火队伍分组分队，沿火场边缘反复清理。沿火场边缘逐步向火场里边清理，对难于清理的地方应用水浇。站杆、倒木向内清理，立木要立即放倒锯断，运到已扑灭的火场内部30～50m的地方，不要扔到火场外面。

（五）草原火灾扑救

1. 灭火的基本原则。扑救草原火灾要坚持“有害灭之”、“无害控制”和“打早、打小、打了”的原则。

（1）有害灭之。草原着火后，如火灾危害草原生态，影响当年畜牧业生产或可能烧毁设备，威胁人畜安全，一定要想方设法将其扑灭。

（2）无害控制。有些草原着火后，并不危害草原生态，不影响畜牧业生产和人畜安全，而且有利于草原更新和改良，对于这种火坚持控制，使它在一定范围内燃烧，防止其自由扩大，酿成灾害。

（3）打早、打小、打了。早发现火情，早出动，力争把火灾扑灭在小面积燃烧的初起阶段；同时要做到将其彻底消灭，不留死角，消除死灰复燃的因素。

2. 灭火方法。

（1）直接灭火法。常用的方法有扑打法、沙土埋压法、水灭法、化学药剂喷洒和风力灭火机灭火法。上述方法如能同时进行，效果更佳。

（2）间接灭火法。采用直接灭火方法，不能控制火灾时，要充分考虑地形、地物，将火头赶往道路、河流、荒漠等地带，以阻止燃烧。如没有这种地形、地物条件，又无其他方法控制火势，而火势有可能延烧到大面积的草场，或窜燃森林、居民点、畜群场等处时，火场指挥员应抽调一定力量，迅速撤离火场，在火头前进方向的一定距离处，采取各种措施开辟防火道，阻止火势蔓延。

第三节　火场疏散逃生

一、火场疏散逃生要诀

（一）疏散逃生的“三要”

1. 要熟悉环境，记住出口。当你出入各类场所时，首先应观察和留心疏散通道、安全出口及楼梯方位等的位置，或平时通过参加应急疏散预案的演练，熟悉周围环境、消防设施及自救逃生方法，对自己学习、居住等所在的建筑物结构及逃生路线做到了然于胸，以便遇到火警能及时疏散，逃离现场。在安全无事时，一定要居安思危，给自己预留一条通路。

2. 在遇到火灾时保持沉着冷静。发生火灾，面对浓烟和烈火，首先要强令自己保持镇静，迅速判断危险地点和安全地点，决定逃生的办法，尽快撤离险地。千万不要盲目地跟从人流相互拥挤、乱跑乱撞。撤离时要注意，朝明亮处或外面空旷地方跑，若通道已被烟火封阻，则应背向烟火方向离开，通过阳台、天台等往室外逃生。

3. 要警惕烟气的侵害。火灾中，最大的“杀手”是燃烧时所产生的有毒烟气，要防止烟雾中毒、预防窒息，穿过烟火封锁区，应佩戴防毒面具。如果没有这些护具，可采取用毛巾、棉被等衣物浸湿捂住口鼻，匍匐低姿行走等方式，保护自己免受烟气的伤害。

（二）疏散逃生的“三救”

1. 选择安全疏散通道自救。要根据火势情况，优先选择最便捷、安全的疏散通道，按照应急疏散标志指示的方向，沿着疏散通道和疏散楼梯快速有秩序地撤离。

2. 借助简易逃生器材滑行自救。当遇到疏散通道或楼梯已经被浓烟烈火封锁，应及时利用缓降器、逃生绳等简易逃生器材下滑“自救”，如图6－5所示。抑或利用身边的床单、窗帘等自制简易逃生绳，打湿固定好，从窗台或阳台沿绳缓滑到下面楼层或地面，脱离险境。

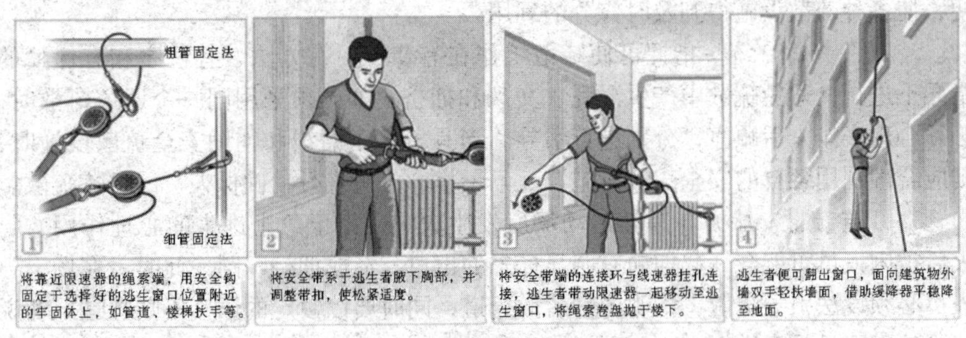

图6－5　缓降器滑行法逃生

3. 暂时避难，向外界求“救”。若被大火浓烟封锁在室内，一切逃生之路都已切断，无路可逃的情况下，应积极寻找暂时的避难处所，保护自己。如：到室外阳台、楼房平顶等待救援；关闭通向火区的房间门窗，待在房间里，用湿布堵塞缝隙，然后不停的向门窗浇水，防止烟火渗入，创造避难场所，固守待援。同时，通过窗口向下面呼喊、招手、打亮手电筒、抛掷物品等，发出求救信号，等待消防队员的救援。若有避难间则应尽快躲进避难间，等待救援。

（三）疏散逃生的“三不”

1. 不乘普通电梯。由于普通电梯的供电系统在火灾时随时会断电，或因热的作用电梯变形而使人被困在电梯内，同时，由于普通电梯井犹如贯通的烟囱般直通各楼层，有毒的烟雾直接威胁被困人员的生命，因此，在火灾中逃生时，千万不要乘普通电梯，要根据情况选择进入相对较为安全的疏散楼梯逃生。

2. 不贪恋财物。在火场中，人的生命是最重要的，不要因害羞或贪恋财物，而把宝贵的逃生时间浪费在穿衣或寻找、搬离贵重物品上。已经逃离险境的人员，切莫为了财物和找人重返险地，自投罗网。

3. 不轻易跳楼。跳楼求生的风险极大，只要有一线生机，就不要冒险跳楼。即使在万般无奈之际出此下策，也要讲究方法。3层以下在烟火威胁，无条件采取其他自救方法，可选择跳楼逃生。跳楼逃生时，最好利用救生气垫，也可向地面抛掷一些棉被、床垫等柔软物品，以便身体落地时不直接与路面相撞。另外，跳楼时应采用恰当的方式方法，如用手扒住窗台，身体下垂，头上脚下，自然下滑，以缩小跳落高度。

二、火场人员应急疏散的组织

（一）组织应急疏散的原则

1. 正确通报。在火灾初起阶段，火场疏散引导人员可首先疏散处于出口附近和受火势威胁的人员，然后视情况公开通报，让其他人员疏散。若火势猛烈，且被困人员较少时，可同时公开通报火情。这样做是为了避免疏散时发生混乱，造成不必要的人员伤亡。具体如何通报，可根据火场实际情况而定，但必须保证迅速简便，使各种疏散设施得到及时充分的利用。

2. 统一指挥。统一指挥可使疏散工作在有步骤、有方法、有秩序和有保障的指导下进行，避免疏散中产生混乱、交叉和拥挤。如必须采用同一个通道疏散时，必须合理安排先后顺序，分别进行引导。当具备多条路线和辅助安全疏散设施时，则应合理利用各自的安全疏散设施，互不干扰、分头进行，确保人员的迅速疏散。

3. 引导疏散。旅游与宗教活动场所发生火灾，由于急于逃生的心理作用，起火后被困人员可能会一起拥向有明显标志的出口，造成拥挤踩踏。此时，在场引导人员必须设法引导疏散，指明各种疏散通道，同时要以镇定的语气不断呼喊，劝说消除补困人员的恐慌心理。

（二）组织应急疏散的程序

1. 疏散通报。一种是语音通报，可利用消防广播播放预先录制好的录音带或由值班人员直接播报火情、介绍疏散路线及注意事项，并注意稳定被困人员的情绪。另一种是警铃通报，通过警铃发出紧急通告和疏散指令。应急疏散通报的次序是：二层及以上的楼房发生火灾，应先通知着火层及其相邻的上下层；首层发生火灾，应先通知本层、二层及地下各层；地下室发生火灾，应先通知地下各层及首层；多个防火分区的，应先通知着火区及其相邻的防火分区。

2. 疏散引导。根据旅游与宗教活动场所建筑特点和周围情况，疏散时一定要分清轻重缓急，事先划定供疏散人员集结的安全区域；在疏散通道上分段安排员工指明疏散方向，查看是否有人员滞留在着火区域内，统计人员数量，稳定人员情绪。

（三）组织应急疏散的措施

1. 将疏散引导组分成人员疏散和物资疏散小组，指定负责人，明确疏散引导员，负责在楼层、疏散通道、安全出口组织引导在场人员安全疏散，使整个疏散工作有秩序地进行。

2. 引导人员在疏散时要不断用手势和喊话的方式稳定被困人员的情绪，维护疏散秩序。

3. 引导人员在疏散时应首先利用距着火部位最近的疏散楼梯，其次利用未被烟火侵袭的普通楼梯，或其他能够到达安全地点的途径，将人流按照快捷合理的疏散路线引导到室外。

4. 需要疏散的物资主要有：一是性质重要、价值昂贵的物资，如档案资料、高级设备、珍贵物品。二是可能扩大火势和有爆炸危险的物资，如起火点附近的易燃易爆化学物品、充装有可燃气体的钢瓶等。三是影响和妨碍灭火战斗的物资。物品疏散时先疏散受水、火、烟威胁最大的物资，疏散后的物资要放在不影响消防通道和远离火场的安全地点。

5. 消防救援队到达火场后，应听从消防救援人员的指挥进行疏散工作。

第四节 消防应急救援预案

消防应急救援预案，是针对旅游与宗教活动场所可能发生的火灾事故及其影响和后果严重程度，就灭火和应急疏散等有关问题作出预先筹划和计划安排的文书。它是根据灭火和应急疏散的指导思想和处理原则，以及场所内部现有的消防设施与器材、员工数量和岗位情况而拟订的灾害应对方案，是开展及时、有序火灾事故应急救援工作的行动指南。

一、灭火和应急疏散预案的制订

（一）制订预案的目的及意义

制订灭火和应急疏散预案的目的，在于针对设定的火灾事故的类型、规模、单位实际情况，合理调动分配该场所内部员工组成的灭火救援力量，正确采用各种固定消防设施和灭火器具，成功地实施自防自救行动，最大限度地减少人员伤亡，降低财产损失。

制订灭火和应急疏散预案的意义：一是有利于在火灾初起，自防自救行动的顺利进行；二是有利于促进消防安全管理制度和保障制度的贯彻和落实；三是有利于增强自防自救训练的针对性；四是有利于促进对场所消防安全重点部位或对象的事故规律、火灾特点及处置方法的熟悉和研究。

（二）预案制定原则及依据

1. 制定原则。在全面掌握旅游与宗教活动场所的基本情况、人员情况、消防设施情况和火灾危险源等各方面情况的基础上，明确各级人员处置火灾事故的责任，针对可能出现的各种火灾事故，明确处置火灾事故的程序和方法，确保制订的预案具有科学性、针对性和可操作性。

2. 制定依据。

（1）法律法规制度依据，包括《消防法》、公安部令第61号等消防法律、法规、涉及消防安全的相关规范性文件和本场所消防安全制度。

（2）客观依据，包括场所的基本情况、消防安全重点部位情况等。

（3）主观依据，包括员工的变化程度、消防安全素质和防火灭火技能等。

（三）预案基本内容

1. 旅游与宗教活动场所基本概况。

（1）基本情况，包括场所名称、地址、使用功能、建筑面积、建筑结构和主要人员情况说明等内容。

（2）消防设施情况，包括消防设施与器材的类型、数量、型号和规格、主要性能参数、联动逻辑关系等。

（3）周边情况，包括距离场所 300～500m 范围内有关相邻建筑、地形地貌、道路、周边区域单位、社区、重要基础设施、水源等情况。

2. 组织机构及负责人和职责。组织机构的设置应结合旅游与宗教活动场所的特点和实际情况，遵循归口管理，统一指挥，讲究效率，职责明晰，权责对等和灵活机动的原则。

（1）火场指挥部。火场指挥部可设在起火部位附近或消防控制室、电话总机室，由消防安全责任人（或消防安全管理人）担负消防救援队到达火灾现场之前的现场指挥，其职责是指挥协调各职能小组和志愿消防队开展工作，根据火情决定是否通知人员疏散并组织实施，及时控制和扑救火灾。消防救援队到达后，及时向消防指挥员报告火场情况，按照消防指挥员的统一部署，协调配合消防队开展灭火救援行动。

（2）通讯救援联络组。一方面负责与当地消防救援机构之间的通讯和联络，引导消防救援队准确、迅速地到达火灾地点进行处置；另一方面，负责与消防安全责任人就本场所在自防自救过程中的通讯联络，及时将火场指挥部的决定意图，传达到参与处置的各级人员。及时通报事态信息，向上级报告情况等。

（3）灭火行动组。由场所的专职消防队或微型消防站、志愿消防队员组成，其任务是根据具体情况，迅速利用消防器材就地进行火灾扑救，及时把火灾消除在初起阶段，或者尽最大努力，控制灾情的进一步扩大，为消防救援队到场进行处置创造有利的条件。

（4）疏散引导组。疏散引导小组人员迅速到位，一是利用广播、口头稳定被困人员情绪，按照疏散计划制订的方法、顺序，沿规定的疏散路线，组织引导被困人员有序安全快速疏散到安全区域，防止拥挤踏伤；二是抢救重要物资，疏散后的物资要放在不影响消防通道和远离火场的安全地点。

（5）安全防护救护组。主要协助医护人员，抢救、护送受伤人员，为抢救生命争取宝贵的时间。

（6）现场警戒和保护组。由保安人员组成，一是对建筑外围警戒防护，清除路障，疏导车辆和围观群众，引导消防车就位停靠，协助消防车从消防水源取水。二是对建筑首层出入口防护警戒，禁止无关人员进入起火建筑，对火场中疏散的物品进行规整和看管。三是对起火部位的安全防护，引导疏散人流，维护疏散秩序，阻止无关人员进入起火部位，防护好现场的消防器材、装备。四是火灾扑灭后的现场保护，协助消防援救队全面检查现场，消灭遗留火种，并派人保护好火灾现场，为火灾事故调查工作提供便利。

3. 火情预想，即对可能发生火灾作出的有根据且符合实际的设想，这是制订应急预案的重要依据。

（1）消防安全重点部位和主要起火点。同一重点部位，可假设多个起火点。

（2）起火物品及蔓延条件，燃烧范围和主要蔓延的方向。

（3）可能造成的危害和影响以及火情发展变化趋势、可能造成的严重后果等。

（4）火灾发生的时间段，如白天和夜间、营业期间和非营业期间。

（5）灾情等级设置。按照火灾事故的性质、严重程度、可控性和影响范围等因素，将预案分成特别重大（Ⅰ级）、重大（Ⅱ级）、较大（Ⅲ级）、一般（Ⅳ级）共四个级别。

（6）力量调集设置。根据灾害等级，合理调集灭火力量，通常要求：Ⅳ级火情，1min 内形成由起火部位现场员工组成的第一灭火力量；Ⅲ级火情，3min 内形成由灭火和应急疏散预案规定的各行动小组组成的第二灭火力量：Ⅱ级火情，5～10min 内由一个消防救援队到达火灾现场后形成灭火救援的第三灭火力量；Ⅰ级火情，10min 后由两个或两个以上消防救援队到场后形成的第四灭火力量。

4. 报警和接警处置程序。预案中事先应当明确报警和接警处置程序。报警程序分两块：一是向周围的人报警，主要通过喊话、火灾报警按钮、内线电话等方式。二是拨打“119”电话报警。接警后，首先调动人员，按计划有序组织疏散被困人员，同时扑灭初起灭火，并启动各种消防设施，包括应急消防广播、消防水泵、防火卷帘、防排烟风机、消防电梯，切断非消防电源等。

5. 应急疏散的组织程序和措施。为防止发生火灾造成人员伤亡，旅游与宗教活动场所应结合本单位实际，在预案中应当明确发生火灾后如何通知相关人员、如何组织人员疏散和贵重物品的转移等程序和措施。

6. 扑救初起火灾的程序和措施。发现火灾后，为确保火场指挥部、各行动小组迅速集结，按照职责分工，进入相应位置，及时有效地扑灭初起火灾，预案中还应当明确火灾现场指挥员如何组织人员，如何利用灭火器材迅速扑救火灾，并视火势蔓延的范围启动建筑消防设施，协助应急救援消防人员做好火灾扑救工作。

7. 通讯联络的程序和措施。通讯联络预案中应当明确如何利用电话、对讲机等建立有线、无线通讯网络，确保火场信息传递畅通。火场指挥部、各行动组、各消防安全重点部位确定哪些专人负责信息传递，保证火场指令得到及时传递和落实。必要时，还可指明重要的信号规定及标志的式样。

8. 现场警戒与安全防护救护的程序和措施。

（1）预案中应明确采取何种程序和措施对现场进行警戒管制，禁止无关人员车辆进入或靠近事故地点，保证现场周围救援通道的畅通无阻，维持火场秩序。

（2）预案中应明确安全防护救护的程序和措施，一方面是如何协助医护人员，抢救、护送受伤人员的程序及措施。另一方面是明确不同区域的人员应分别采取的最低防护等级、防护手段和防护时机。

（四）预案制订程序与绘制要求

1. 制订程序。

（1）确定范围，明确重点保卫对象和部位。

（2）调查研究，收集资料。

（3）科学计算，确定所需人员力量和器材装备。

（4）确定灭火和应急行动意图，战术与技术措施。

（5）报请单位有关部门和领导，进行审核批准。

2. 绘制要求。在编制灭火和应急疏散预案时，应力求详细准确，图文并茂，标注明确，直观明了。应有针对火情预想部位的灭火进攻和疏散路线平面图，比例正确，设备、物品、疏散通道、安全出口、灭火设施和器材分布位置应标注准确，火情预想部位及周围场所的名称应与实际相符。灭火进攻的方向，消防装备停放位置，消防水源，物资、人员疏散路线，物资放置，人员停留地点以及指挥员位置，图中应标识醒目明确，如图 6－6 所示为某休闲度假村宾馆消防应急疏散预案图。

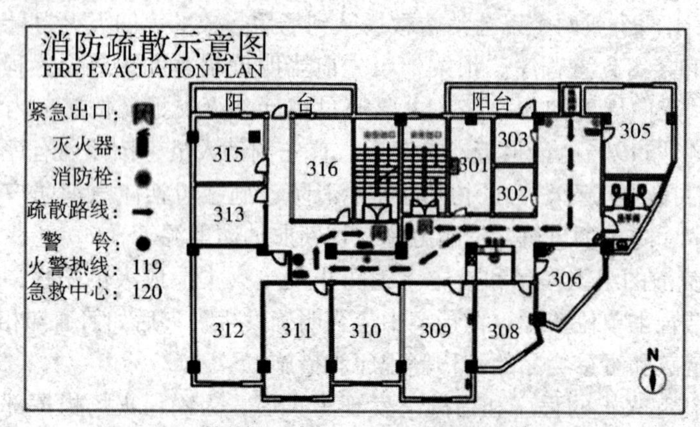

图 6－6　某休闲度假村宾馆消防应急疏散预案图

（五）预案基本格式及标识

1. 基本格式。灭火和应急疏散预案基本格式包括封面（包括标题、单位名称、预案编号、实施日期、签发人和公章），目录，引言，概况，术语和符号，预案内容，附录等。

2. 标识。特别重大（Ⅰ级）预案、重大（Ⅱ级）预案、较大（Ⅲ级）预案、一般（Ⅳ级）预案，在图中分别用红色、黄色、橙色和蓝色标识进行区分。

（六）预案实施程序

当确认发生火灾后，按事先确定的程序，立即启动灭火和应急疏散预案。

二、灭火和应急疏散预案的演练

为使员工熟悉灭火和应急疏散预案，明确岗位职责，提高协同配合能力，旅游与宗教活动场所对制订的灭火和应急疏散预案应定期开展演练。

（一）预案演练目的及要求

1. 演练目的。

（1）检验各级消防安全管理人员、各职能组及其人员对灭火和应急疏散预案内容、职责的熟悉程度。

（2）检验人员安全疏散、初起火灾扑救、消防设施使用等情况。

（3）检验本单位在紧急情况下的组织、指挥、通信、救护等方面的能力。

（4）检验灭火与疏散应急疏散预案的实用性和可操作性。

2. 演练的要求。

（1）旅游与宗教活动场所应当按照灭火和应急疏散预案，至少每半年组织一次演练，并结合实际，不断完善预案。

（2）组织演练前，可以根据需要对相关人员进行消防安全知识和预案内容的教育培训，使其掌握必要的消防知识，明确职责。

（3）预案演练时，应当设置明显标识并事先告知演练范围内的人员。

（4）宜选择人员集中、火灾危险性较大和重点部位作为消防演练的目标，根据实际情况，确定火灾模拟形式。

（5）模拟火灾演练中应落实火源及烟气的控制措施，防止造成人员伤害。

（6）演练结束后，应将消防设施恢复到正常运行状态，做好记录，并及时进行总结。

（7）消防演练方案可以报告当地消防救援机构，争取其业务指导。

（二）预案演练的准备

1. 成立演练领导机构。演练领导机构是演练准备与实施的指挥部门，对演练实施全面控制。主要职责：确定演练目的、原则、规模、参演单位，确定演练的性质和方法，选定演练的时间、地点，协调各参演单位之间的关系，确定演练实施计划、情况设计与处置预案，审定演练准备工作计划，检查与指导演练准备工作，解决准备与实施过程中所发生的重大问题，组织演练，总结评价。

2. 制订演练计划。

（1）确定举办应急演练的目的、演练要解决的问题和期望达到的效果等。

（2）分析演练需求，确定参演人员、需锻炼的技能、需检验的设备、需完善的应急处置流程和进一步明确的职责等。

（3）确定演练范围，根据演练需求、经费、资源和时间等条件的限制，确定演练事件类型、等级、参演机构及人数、演练方式等。

（4）安排演练准备与实施的日程计划。包括各种演练文件编写与审定的期限、物资器材准备的期限、演练实施的日期等。

（5）制定演练经费预算，明确演练经费筹措渠道。

3. 演练动员与培训。在演练开始前要进行演练动员和培训，使所有演练参与人员掌握演练规则、演练情景和各自在演练中的任务，对参演人员要进行应急预案、应急技能及个人防护装备使用等方面的培训，对控制人员要进行岗位职责、演练过程控制和管理等方面的培训，对评估人员要进行岗位职责、演练评估方法、工具使用等方面的培训。

4. 落实演练保障。

（1）人员保障。演练参与人员一般包括演练领导小组、总指挥、总策划、文案人员、控制人员、保障人员、参演人员、模拟人员、评估人员等，在演练的准备过程中，演练组织单位和参与单位应合理安排工作，保证相关人员参与演练活动的时间。

（2）经费保障。演练组织单位每年要根据演练规划制定应急演练经费预算，纳入该场所的年度财政预算，并按照演练需要及时拨付经费，确保演练经费专款专用、节约高效。

（3）场地保障。根据演练方式和内容，经现场勘察后选择合适的演练场地。演练场地应有足够的空间，保证指挥部、集结点、接待站、供应站、救护站、停车场等场地的需要，且应具有良好的交通、生活、卫生和安全条件，尽量避免干扰公众生产和生活。

（4）物资和器材保障。根据需要准备必要的演练材料、物资和器材，制作必要的模型设施等，主要包括信息材料、物资设备、通信器材、演练情景模型等。

（5）通信保障。在应急演练过程中，应急指挥机构、总策划、控制人员、参演人员、模拟人员等之间要有及时可靠的信息传递渠道。根据演练需要，可以采用多种公用或专用通信系统，必要时可组建演练专用通信与信息网络，确保演练控制信息的快速传递。

（6）安全保障。根据需要为演练人员配备个人防护装备。对可能影响公众生活、易于引起公众误解和恐慌的应急演练，应提前向社会发布公告，告示演练内容、时间、地点和组织单位，并做好应对方案。演练现场要有必要的安保措施，必要时对演练现场进行封闭或管制，保证演练安全进行。

（三）预案演练的实施

灭火和应急疏散预案演练的实施分为以下几个阶段：

1. 演练启动阶段。演练正式启动前一般要举行简短仪式，由演练总指挥宣布演练开始并启动演练活动。

2. 演练执行阶段。

（1）演练指挥与行动。演练总指挥负责演练实施全过程的指挥，也可授权总策划对演练过程进行控制。按照演练方案要求，指挥机构指挥各参演队伍和人员，开展对模拟演练事件的应急处置行动，完成各项演练活动。演练控制人员应掌握演练方案，按总策划的要求，发布控制信息，协调参演人员完成各项演练任务。参演人员根据控制消息和指令，按照演练方案规定的程序开展应急处置行动，完成各项演练活动。

（2）演练过程控制。总策划负责按演练方案控制演练过程。在实战演练中，总策划按照演练方案发出控制消息，控制人员向参演人员和模拟人员传递控制消息。参演人员和模拟人员接收到信息后，按照发生真实事件时的应急处置程序，采取相应的应急处置行动。控制消息可由人工传递，也可以用对讲机、电话、手机等方式传送。在演练过程中，控制人员应随时掌握演练进展情况，并向总策划报告演练中出现的各种问题。

（3）演练解说。在演练实施过程中，演练组织单位可以安排专人对演练过程进行解说。解说内容一般包括演练背景描述、进程讲解、案例介绍、环境渲染等。

（4）演练记录。在演练实施过程中，一般要安排专门人员，采用文字、照片和音像等手段记录演练过程。主要包括演练实际开始与结束时间、演练过程控制情况，各项演练活动中参演人员的表现、意外情况及处置等内容。

（5）演练宣传报道。演练宣传组按照演练宣传方案做好演练宣传报道、信息采集、媒体组织、广播电视节目现场采编和播报等工作，扩大演练的宣传教育效果。对涉密应急演练要做好相关保密工作。

3. 演练结束与终止阶段。演练完毕，由总策划发出结束信号，演练总指挥宣布演练结束。各参演部门应按规定的信号或指示停止演练动作，按预定方案集合进行现场总结讲评或者组织解散。演练保障组织负责清理和恢复演练现场，尽快撤出保障器材，尤其要仔细查明危险品的清除情况，决不允许任何可能导致人员伤害的物品遗留在演练现场内。

在演练实施过程中出现下列情况之一时，经演练领导小组决定，由演练总指挥按照事先规定的程序和指令终止演练：一是出现真实突发事件，需要参演人员参与应急处置时，要终止演练；二是出现特殊意外情况，短时间内不能妥善处理解决时，可提前终止演练。

（四）预案演练的评估与总结

1. 演练评估。灭火和应急疏散预案演练结束后，应对其演练活动进行评估。演练评估是在全面分析演练记录及相关资料的基础上，对比参演人员表现与演练目标要求，参照演练计划中所规定的各项具体指标，对演练活动及其组织过程等作出客观评价，并编写演练评估报告。评估报告的内容主要包括演练执行情况、预案的合理性与可操作性、应急指挥人员的指挥协调能力、参演人员的处置能力、演练所用设备的适用性、演练目标的实现情况、演练的成本效益分析、对完善预案的建议等。

2. 演练总结。灭火和应急疏散预案演练结束后，对演练活动在评估的基础上，由文案组根据演练记录、演练评估报告、应急预案、现场总结等材料，对本次演练进行系统和全面的总结，并形成演练总结报告。报告内容包括演练目的，时间和地点，参演单位和人员，演练方案概要，发现的问题与原因，经验和教训，以及改进的建议等。通过总结，固化好的做法，对演练中暴露的问题，找出解决办法，使其预案得到进一步充实和完善。

思考题

1. 向“119”报火警时，应讲清楚哪些内容?
2. 火灾扑救的基本方法是什么?
3. 如何操作灭火器灭火?
4. 如何理解疏散逃生“三要”“三救”“三不”原则?
5. 应急救援预案制订的原则是什么?
6. 应急救援预案中一般应有哪些组织机构?
7. 如何组织应急救援预案的演练?
8. 应急救援预案演练结束后为什么要进行评估和总结?

参考文献

[1] 全国人大常委会法工委刑法室，公安部消防局．中华人民共和国消防法释义．人民出版社，2009.

[2] 中国人民武装警察部队学院消防工程系．防火业务全书．吉林人民出版社，2000.

[3] 清大东方教育科技集团有限公司．消防安全责任人与管理人培训教程．中国人民公安大学出版社，2018.

[4] 清大东方教育科技集团有限公司．古建筑消防安全培训教程．中国人民公安大学出版社，2018.

[5] 清大东方教育科技集团有限公司．宾馆、饭店消防安全培训教程．中国人民公安大学出版社，2019.

[6] 陈伟民等．中国消防手册第二卷、第五卷．上海科学技术出版社，2009.